JN333996

戦争の常識・非常識

戦争をしたがる文民、
したくない軍人

田母神俊雄

ビジネス社

まえがき

テロに対する備えは万全であるはずの総理官邸に飛び込んだドローン（小型無人航空機）が、屋上に墜落しているのが侵入から2週間もたって発見される。

今年（2015）4月に起きた事件は、日本の危機管理体制における大問題であるかのように大騒ぎされています。

ドローンをもっと厳重に取り締まるべきだ、総理官邸の警備体制を徹底的に見直すべきだ、といった声も多く聞かれます。

中には「総理官邸にパトリオット・ミサイルを配備しろ」と言い出す人もいそうな勢いです。

しかし、私のように防衛に長年携わってきた者が、ごく常識的な感覚で見ると、この騒ぎはずいぶん馬鹿げているように思えます。

日本の空では、領空内から飛び立った航空機はすべてフレンドリーな機とみなして、はじめから識別しません。つまり、日本に害をなす敵ではないとみて、いちいちマークしないということです。

これは当たり前の話で、日本の、特に東京のような大都市の空にどれほどの航空機が飛んでいるかを考えればわかります。それは、中には悪い意図をもっている機もあるかもしれない、と可能性を考えることはできますが、民間のヘリコプターだけでも数えきれないほど飛んでいるのですから、いちいち識別し、警戒していたら自衛隊も警察もあっという間に手が回らなくなってしまう。

ヘリなどの航空機でさえそうなのですから、識別符号も積んでいないドローンやラジコンヘリの類までいちいち警戒していられるわけがありません。

もちろん、テロに対する備えという意味で、ドローンの所持を登録制にするといった法整備は必要でしょう。そして、それで充分なのです。大騒ぎするほどのことではありません。あんなものに全部対処できるようにするなどというのは壮大な労力と金の無駄遣いです。

そもそも、あのような異常な事件というものは、1回起きたらしばらくは起きないものです。

たとえば飛行機が墜落したら、つい人は「また落ちるのではないか」と考えてしまいがちですが、実際に航空機事故の頻度をデータで知っていれば、逆に「昨日落ちたということは、この先半年や1年は落ちない」と考えるのが合理的でしょう。

私も航空自衛隊にいた頃には、戦闘機の墜落事故などが起きると「原因がわかるまでは飛ばすな」「また同じことが起きたらどうする」と騒ぐ政治家たちに困らされたものです。

導入したばかりの機体に不備が出たというのなら別ですが、10年も問題なく運用されてきた戦闘機が墜落してもそれは偶発的な事態です。確率的には放っておいてもこの先半年や1年は墜落しないのです。原因究明や対策は大事ですが、それは飛行機を飛ばしながらやればいいことです。冷静に対処していけばいいのに、とにかく「危なそうだからやめる」「みんなが騒いでいるから騒ぐ」という態度になってしまう人が政治家や識者のなかにも多いのは困ったことです。それがよく表れているのが、今回のドローン事件でしょう。同じような事件はしばらく起きないから、少し時間をかけてそれを起こさないような体制をつくればいいことです。

こうした、日本人がつい陥りがちな誤った危機感は、これまで軍事を語る際にも悪影響を及ぼしてきたと私は考えています。

日本人には、とにかく軍隊の行動に制約をかけよう、軍が動かなければ戦争にならないし国民が不幸にならない、だから軍事について考えたり、論じたりすることも避けようという思い込みがあります。

しかし、こうした思い込みは国民を不幸から遠ざけるどころか、タブーを増やし、軍事について考える機会を減らし、誤った軍事知識の横行を許し、結局は日本人を危険に晒《さら》しているのが現実なのです。

こうした状況を変えるために、軍事の常識を多くの人に知ってもらいたい、という思いで書いたのがこの本です。

本書では、世界では当たり前のこととして軍人はもちろん、政治家や一般市民にも共有されている軍事知識から始まって、常識的な視点からみた現在の日本の国防の問題点までを、わかりやすく伝えることを心がけました。

まず、第1章では、常識中の常識である「抑止力」という概念、国を守るとはどういうことか、についての考え方を説明しています。

第2章では、冷戦が終わった後の現在の国際社会がどのようなメカニズムで動いているのかを、軍事の視点から解き明かしました。

第3章は、日本の国防を担う自衛隊について、その本当の姿を理解していただくことを目的にしています。軽々しく語られがちな自衛隊の「実力」というものが、実際にはどのようなものなのかを説明しています。

第4章は、現在の日本にとって最大の脅威とされている中国の軍事力、尖閣《せんかく》諸島に対する野心と行動について、その実態をあくまでも「常識的」に見るとどうなるのかを述べています。この章を読めば、騒がれている「中国脅威論」なるものの正体がわかるでしょう。

第5章では、最近影響力を増しているインターネット上の軍事知識なるものが、どこまで信用できるのかを実例をとって検証しています。同時に、軍事知識を学ぶうえでのリテラシーについても説明しました。

最後の第6章では、これまで軍事がタブーとされてきた結果、日本人の軍事に対する考え方がいかに歪《ゆが》んでしまったか、それを正していくためになにをすべきかについて、私の考えを述べました。

本書を通読してもらえば、戦後の日本人がなにを見落としてきたのか、その結果、どのような危機が生じているのかを理解していただけるはずです。

この本を通じて、軍事について、日本の国防について、そして我が国の未来について、あくまで「常識的」に、かつ真剣に考える国民が1人でも増えることを願ってやみません。

戦争の常識・非常識●戦争をしたがる文民、したくない軍人——

目次

第1章　日本の常識は世界の非常識

第2章　日本をめぐる国際関係の常識

第3章　自衛隊はどこまで闘えるか

第4章　中国はなにを狙《ねら》っているのか——シミュレーション・尖閣《せんかく》

第5章 まがいものの軍事知識に騙《だま》されるな

第6章 「戦後レジーム」の正体

第1章

日本の常識は世界の非常識

戦争のできない軍事力は抑止力とならない

戦争ができる国は、戦争に巻き込まれない。

戦争に巻き込まれるのは、戦争ができない国である。

軍事常識の第一歩として知っておかなければいけないのは、このことです。

これはなにも難しい話ではなく、まさに「常識」で考えればわかることです。

「来るならやるぞ」と身構えている人は、相手も警戒するので喧嘩《けんか》を売られにくい。下手に殴りかかれば、殴り返されるかもしれないからです。

一方、「俺は絶対に喧嘩はしないし、したくない」といって構えていない人は簡単に殴られます。殴っても殴り返される心配がないのですから。

軍事学でいう「抑止力」というのは、簡単に言えばそういうことです。

「日本は絶対に戦争はしない国です」というのは「俺は絶対に喧嘩はしない」というのと同じこと。こんな宣言をしてしまったとたん、抑止力はなくなります。こうなると、外交交渉で日本の言うことを聞く国はなくなり、もっと悪いことには戦争に巻き込まれる危険が増大するのです。

同様に、「核武装するよりは核武装しないほうがより国は安全である」というのも、日本以外の国では絶対に通らない非常識です。

軍事力が強ければ、他国は戦争を挑んできません。プロレスラーに殴りかかろうとは思わないのと同じことです。だから、軍事力が強いほうが国は安全である。したがって、核兵器はもっているほうが安全に決まっているだろう、というのがごく普通の考え方です。

日本では、「核兵器をもたないほうが安全である」という立場からさまざまな理由づけが試みられていますが、どれほど精緻《せいち》な理論を組み立てたところで、現実の世界では通用するはずがないのです。

この常識が理解できないと、私が常々言っている「日本を軍事的に強い国にする」ということの意味も理解できないでしょう。

「軍事的に強い国に」というと、すぐに「戦争をしたがっているのだ」と短絡する人は多いのですが、まったくの逆です。「戦争をしないために、軍事的に強い国にならなければならない」のです。

【常識①】

軍事的に強い国は、戦争に巻き込まれない。これを「抑止力」という。

核武装国同士は戦争ができない

核兵器についていえば、もうひとつ日本では非常識がまかり通っています。それは、核兵器が「攻撃兵器」だという見方です。

アメリカは、なぜサダム・フセインのイラクを攻撃できたのでしょう。それは、イラクが核をもっていないことをわかっていたからです。もしもイラクが核兵器をもっているのがわかっていたら、アメリカは怖くて攻撃できなかったはずです。

核兵器はあまりにも破壊力が強大です。たとえ1発でも食らえば、その被害に耐えられる国家はどこにもありません。

つまり、核兵器を使った戦争には勝者はいない。だから、核武装国同士はけっして戦争ができないわけです。撃てば必ず相手も撃ち返してきて、両者が負けることになるからです。こんな愚かな戦争を仕掛ける指導者はいません。

「撃てるものなら撃ってみろ。必ず撃ち返すぞ」とお互いに牽制《けんせい》しあって戦争を抑止する。その意味で、核兵器は徹底して防御用の兵器なのです。

そして、国際政治を動かしているのは核武装国であることもまた事実です。国際社会のなかで、日本はアメリカなど核武装国が決めた通りにお金を出させられているだけです。いかに国際貢献をうたおうと、核武装国が決めた通りの「国際貢献」しかできていない。

どうして、日本も核武装して国際政治を動かす側に回ろうとする努力をしないのだろうかと思いますが、日本ではなかなかそうした議論はなされません。

【常識②】

核兵器は徹底的に防御用の兵器である。

総力戦がなくなった時代

核戦争にかぎらず、国を挙げて戦争すること、つまり総力戦を国家同士が戦うことは、これからの時代にはまずありえません。先進国は世論の反発を恐れて国民が死ぬことを非常に嫌いますし、総力戦の犠牲はあまりにも大きすぎるからです。

また、軍事力を強化するとすぐに「徴兵制が復活して若者が死ぬことになる」と警戒する人がいますが、これも時代錯誤としか言いようのない主張です。

世界の軍隊は、徴兵制から志願制へ、という流れが圧倒的になっています。なぜなら、徴兵制の軍隊は弱いからです。いま、先進国で徴兵制をとっているのは韓国とイスラエルなどくらいのものでしょう。

「国民皆兵」の徴兵制を敷いていると、いかにも軍事的に強い国というイメージがありますが、実際にはそんなことはありません。後の章で自衛隊の防衛力や最新兵器の常識について詳しく述べますが、現代の戦争はハイテク兵器を用いた高度な戦いです。徴兵制で集めた素人では使い物になりません。

また、軍人を育てる側の心理からいっても、徴兵制はむしろ弊害が多い。やる気がない若者を連れてきて、1年か2年、訓練をほどこす。ただでさえ意欲がない、がんばって鍛えてもどうせ2年後には辞めてしまう人たちを相手にするのでは、訓練を与える側もとても真剣にはなれないのは明らかです。徴兵制は訓練を与える側も訓練を受ける側も心底真剣になれない制度なのです。

実際に徴兵制をとっている中国では、徴兵した兵士が「使えない」ことが問題になっています。

中国は人口が多すぎてすべての青年を徴兵するわけにはいかないので、地域ごとに人数を割り当てて、「応募」してきた若者を採用するという方式の徴兵を行っています。

ところが、中国では一人っ子政策を長く続けてきましたし、年金制度も生活保護制度もないので親は老後は子供の世話になるしかない。すると、まともな子供は絶対に軍にとられたくない、と親は考えます。結局、あまり期待されていない若者が「お前、行ってこい」ということで選ばれる。だから中国の兵隊は三分の一ぐらいは使いものにならないのが実態です。

こうした理由で、徴兵制の軍隊はどうしても弱くなります。志願制で賄《まかな》えるなら、軍隊は志願制をとるべきなのです。自衛隊を強くするためには、徴兵制にはなんの意味もありません。

もしも徴兵制に意味があるとすれば、軍隊を強くするためではなく、国民の意識を変えるための教育としての意味でしょう。

たとえば、学校の先生になろうとする者、国政選挙に立候補しようとする者、キャリアの公務員を目指す者については、自衛隊に1年行ってこなければ資格を認めない、という制度にすることはありうると思います。

学校の先生や政治家、公務員が一定期間、自衛隊に行ってきて、きちんと国家観や安全保障の常識をもつようになれば、その影響は大きいでしょう。国民教育という意味での徴兵制の意味はあるのです。

ただ、繰り返しますが、自衛隊を強くするためには徴兵制はなんの意味もありません。

【常識③】

徴兵制の軍隊は弱く、志願制の軍隊は強い。

文民統制の本当の意味は？

日本では、戦争を防ぐために文民統制、「シビリアンコントロール」が大事だと言われます。

すなわち、軍人はとかく戦争をしたがるものだから、それを内閣などの「文民」が監視し、コントロールすべきだというわけです。

これも、軍事の常識から見れば異常なことと言うしかありません。

そもそも、「シビリアンコントロール」などということをよその国でもみんな一生懸命に考えていると思ったら大間違いです。アメリカに行って「シビリアンコントロール」などと言っても、「なんだ、それは」という感じでしょう。

というのも、文民統制、シビリアンコントロールとは結局「戦争をやるかやらないかの判断を誰がするか」というだけのことだからです。

戦争を始める決断は軍がやるのではなく、政治がする。そして、戦争をやめるときにも、「もうやめろ」と命じるのはやっぱり政治であって、軍ではない。軍は戦争をやれと言われれば一生懸命に戦い、やめろと言われれば即座にやめる。これがシビリアンコントロールで、当たり前の話でしかありません。

ところが、日本の場合はシビリアンコントロールの意味が違います。戦争をするか否かの判断だけでなく、自衛隊がやることは一挙手一投足にいたるまで文民がコントロールしなければいけない。自衛官が余暇に論文を書いて投稿するのもシビリアンコントロールの対象である。極端に言うと、自衛隊の宴会であいさつをするのにもちゃんと政治の許可を得てからやれ、というような話で、だから始終騒ぎが絶えないわけです。

これは、日本の戦後教育のなかで、「軍部の独走によって戦争になった」といった教育がなされているせいもあるのでしょう。しかし、大東亜《だいとうあ》戦争でも、宣戦布告を行って戦争を始めたのは日本の政府です。シビリアンコントロールは旧軍にも働いていたのです。

このようにシビリアンコントロールの意味がゆがめられ、日本では「文民統制さえあれば平和になる、戦争を避けられる」という考え方も蔓延《まんえん》しています。シビリアンコントロールさえあればすべてうまくいくというわけです。本当でしょうか。

実際に歴史を見るならば、戦争をやりたがるのは軍人ではなく、文民であることのほうが圧倒的に多いことがわかります。

戦前、日本が支那《しな》事変の泥沼にはまっていったのは近衛文麿《このえふみまろ》首相の判断のせいです。1937年に南京が陥落した時点で、当時の陸海軍のトップ、陸軍参謀総長と海軍軍令部長（両方とも宮様だったので、実際には軍人であるナンバー2）は「戦争をやめてくれ」と近衛首相に哀願をしています。北からソ連の脅威が迫っているのに、中国と関わり合っている暇はないという合理的な判断です。

けれども、近衛首相は「それでは中国になめられる」という論理で対中戦争を強行したのです。

近時の例で言えば、イラク戦争をどうしてもやりたいと考え、強行したのは文民であるブッシュ大統領とチェイニー副大統領でした。一方、最後までイラクを攻撃することに反対したのが元統合参謀本部議長であるパウエル国務長官でした。

少し考えればわかることですが、軍人は戦争をやりたがりません。当たり前です。戦争になれば自分が死ぬかもしれない。自分の大事な部下が死ぬかもしれない。そんなことを好き好んでやりたがるわけがないのです。

軍人はもっとも戦争をしたがらない人びとであり、安全なところにいる文民が軍人を使って戦争をしたがる。文民には軍人の顔が見えません。一人ひとりの人生が見えません。だから、簡単に「おい、なめられるといかんから喧嘩してこい」などと言える。これが歴史が教えてくれる常識なのです。

先ほど日本の戦後教育が軍人を悪者にした、と言いました。これは、さらにさかのぼってみると、大東亜戦争後の東京裁判で、アメリカが日本を分断する政策として「指導者のあの軍人たちが悪かった」というプロパガンダを広めたことが原因でしょう。この宣伝に毒され、いまだに「軍人が戦争をやりたがるから、シビリアンコントロールが大事だ」と考えている日本人が多いのです。

【常識④】

戦争をしたがらないのが軍人、したがるのが文民である。

軍隊の行動はポジティブリストからネガティブリストへ

自衛隊の行動にかかっている規制の問題として、最近では集団的自衛権の行使が注目されています。

自衛隊がイラクやインド洋に派遣されることになって外国の軍と一緒に行動するとき、「われわれがやられたときは助けてくれ。でも、あなた方がやられたときにはわれわれは戦うわけにはいかない。だから逃げる」というのでは、「友達」にはなれません。

そもそも、「俺は助けてもらうが、お前は助けない」というのは日本人の国民性には合わない。「俺はいい。でも、お前が困ったときには必ず助けてやる」というのが日本人の国民性でしょう。国民性に反する、いわば非道徳的なことを政府がずっと自衛隊にやらせている。これが集団的自衛権の問題だと私は考えます。

これは確かに大きな問題なのです。しかし、集団的自衛権の行使がクローズアップされるなかで、もっと大きな問題が隠されてしまっているのも事実です。

集団的自衛権限定行使のイメージ

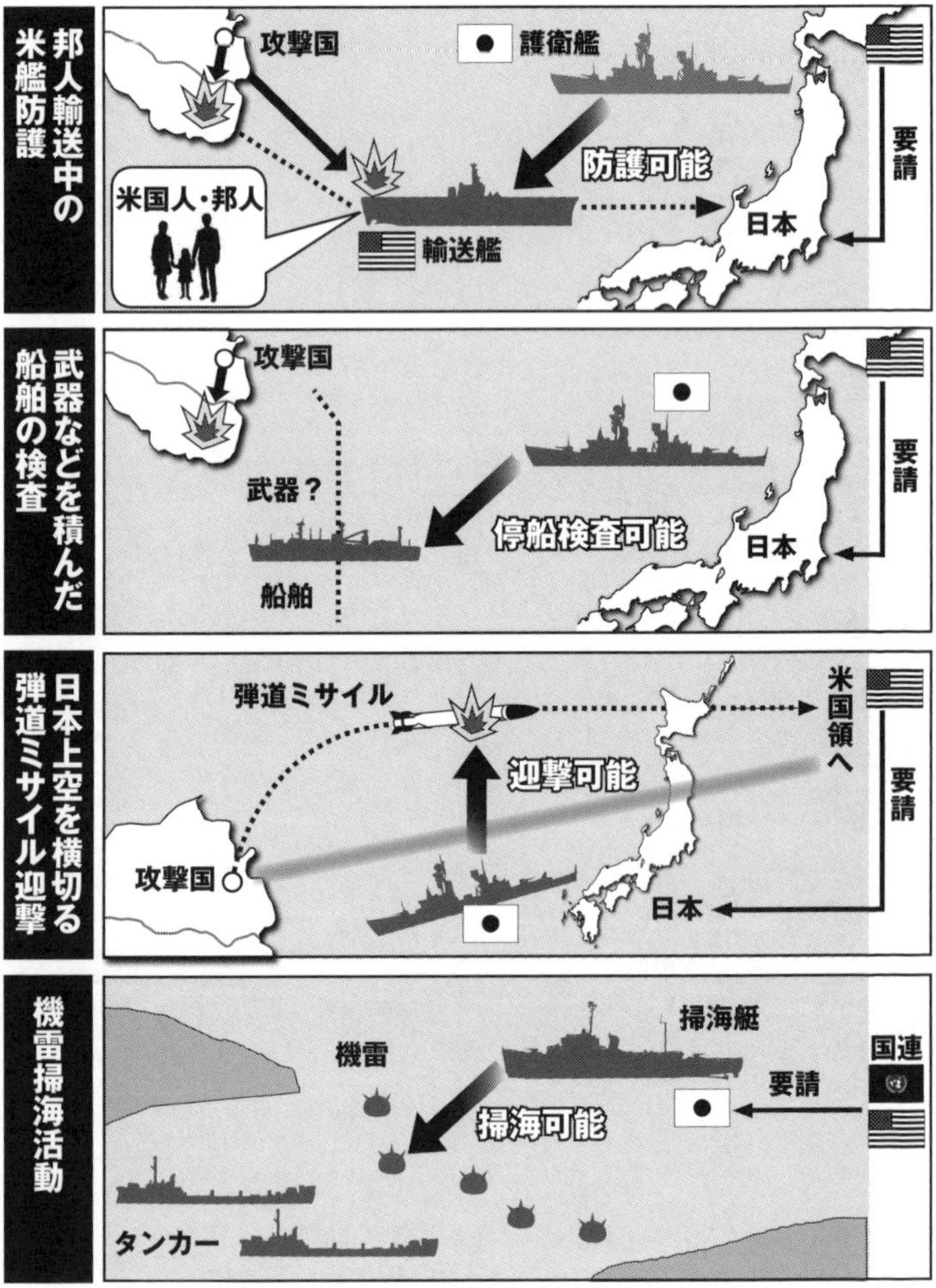

出典：時事ドットコム『図解・行政』集団的自衛権限定行使のイメージ（2014年7月）を元に作成

実は、集団的自衛権以前に、日本の自衛隊は個別的自衛権さえ行使できないのです。たとえば、尖閣諸島の周辺で海上保安庁の船が中国の艦隊から攻撃を受けたとしましょう。そばに自衛隊がいたとして、反撃していいのか。答えはノーです。自衛隊は、海上保安庁の船を助けることは防衛出動が発令されるまではできない。防衛出動の発令なく反撃すると、違法なのです。

これがなにを意味するかというと、自衛隊は国内法上根拠法令がなければなにもできないということ。なにもしてはいけない、というのが原則で、「こういうことをしてよい」という根拠規定（ポジティブリスト）が定められた場合だけ、例外的に自衛のための行動ができるだけ、ということです。

「イラク特措法」「テロ対策特措法」といった特別法が次々とつくられるのも、自衛隊が行動するためにはいちいち根拠規定が必要、というポジティブリスト規制が行われているからこそです。

これに対して、世界の国々では、軍は原則としてなんでもできることになっています。ただし、「こういうことはやってはいけない」という禁止規定があって、それは守らなければいけない。実際には、国際法に違反するようなことはやってはいけない

自衛隊員の階級と給与体系

階級	旧軍の階級	主な役職	民間企業における役職イメージ	月収（基本給）
統合幕僚長	大将	ー	持ち株会社社長	119.8万円～
幕僚長			社長	112.9万～120.7万円
陸将、海将、空将	中将	方面総監	専務、常務取締役	72.0万～119.8万円
将補	少将	師団長	執行役員	52.1万～91.2万円
一佐	大佐	連隊長	部長	40.0万～55.8万円
二佐	中佐	大隊長	課長	34.6万～50.4万円
三佐	少佐	中隊長	課長補佐	31.9万～48.0万円
一尉	大尉		係長	26.9万～45.8万円
二尉	中尉	小隊長	主任	24.4万～45.0万円
三尉	少尉		若手総合職	23.6万～44.6万円
准尉	准尉	ー	現場を退いた指導役	22.7万～44.4万円
曹長	曹長	下士官	現場（高卒）トップ	22.1万～43.2万円
一曹	軍曹		現場のベテラン	22.1万～41.8万円
二曹	軍曹		現場の中堅	21.2万～38.7万円
三曹	伍長		一般職の一番下	18.9万～31.4万円
士長	兵長	任期制隊員	古手アルバイト	17.4万～23.5万円
一士	一等兵		主力アルバイト	17.4万～19.0万円
二士	二等兵		新人アルバイト	15.9万～17.0万円
自衛官候補生	ー		研修中のアルバイト	12.5万円

出典：「週刊ダイヤモンド」

が、それ以外はなんでもやっていい。つまり、禁止規定（ネガティブリスト）にしたがって行動するのが普通の軍隊ということになります。

自衛隊のようなポジティブリスト規制がなぜいけないか。それは、根拠規定にある行動しかできないということは、結局、「われわれはこういう作戦しかとれない」ということをすべて相手に教えてやることにほかならないからです。つまり、作戦計画の手の内を先に知らせてあげるようなもの。こんなばかなことはありえません。

自衛隊員の特殊勤務手当の概要

	種　類	一般職の見合いの手当	支給対象業務及び支給額の概要
1	爆発物取扱作業等手当	爆発物取扱等作業手当 放射線取扱手当	不発弾その他爆発のおそれのある物件の取扱いの業務 250円～10,400円／日
			X線等の放射線を人体に対して照射する作業等 7,000円/月
2	航空作業手当	航空手当	航空機に搭乗して行う航空作業 1,200円～5,100円／日
			危険な飛行を行う航空機に搭乗して行う航空作業 620円～3,400円／日
3	異常圧力内作業等手当	異常圧力内作業手当	低圧室内における航空生理訓練等又は高圧室内における飽和潜水作業等 900円～2,400円／回(低圧) 210円～7,350円／時間(高圧)
			潜水器具を着用して行う作業等、潜水艦救難潜水装置に乗り組んで行う作業 310円～11,200円／時間又は1,400円／日
			潜水艦により長期間潜航する作業等 500円～1,750円／日
			航空医学のために行う加速度実験の業務 900円～2,100円／日
4	落下傘降下作業手当		落下傘降下の作業　2,800円～12,600円／回
5	駐留軍関係業務手当	用地交渉等手当	駐留軍に対する施設・区域の提供等のため利害関係人等との折衝等の作業　650円／日
6	南極手当	極地観測手当	南緯55度以南の地域における南極地域への輸送業務 1,800円～4,100円／日
7	夜間看護等手当	夜間看護等手当	看護師等が行う深夜における患者看護等の業務 1,620円～6,800円／回
8	除雪手当	道路上作業手当	夜間における自衛隊専用道路又は暴風雪警報発令下における除雪業務　300円又は450円／日
9	小笠原手当	小笠原業務手当	小笠原諸島に所在する官署における業務 300円～5,510円／日
10	死体処理手当	死体処理手当	医療施設での死体処理又は災害派遣における死体収容等の業務　1,000円～3,200円／日
10	災害派遣等手当	災害応急作業等手当	大規模な災害が発生した場合において行う遭難者の救助等の業務　1,620円／日又は3,240円／日
12	対空警戒対処等手当	移動通信等作業手当	弾道ミサイル等対処時に屋外に展開して行う業務等 1,100円／日
			所在する基地を離れて長期間にわたり行う航空警戒管制に関する業務　560円／日
13	夜間特殊業務手当	夜間特殊業務手当	正規の勤務時間の一部又は全部にわたり深夜において行う通信設備の保守等の業務(深夜における勤務時間が2時間に満たないものを除く)　490円～1,100円／回
14	航空管制手当	航空管制手当	航空機の管制に関する業務に必要な技能を有すると認定された者が行う業務　340円～770円／日
15	国際緊急援助等手当	国際緊急援助等手当	国際緊急援助活動又は在外邦人等の輸送が行われる海外の地域における業務　1,400円～4,000円／日又は7,500円／日
16	海上警備等手当	犯則取締等手当	特別警備業務、特別海賊対処業務及び特別警備隊員輸送業務 7,700円／日
			不審船舶への立入検査業務又は海賊対処立入検査業務(上記を除く)　2,000円／日
		護衛等手当	海賊行為から航行中の船舶を防護するために海外の地域において行う業務　400円～4,000円／日
17	分べん取扱手当		出生証明書又は死産証明書を作成する分べんの取扱いに従事する業務　10,000円／回

注：手当によっては、一定の要件に該当する場合、加算又は減算の措置がある。

出典：防衛省「関係法令（抄）」別紙第4

有事の際、相手国はネガティブリストで動く。すなわち、条約と慣習法の集合体であるところの国際法が禁止していること以外はあらゆる手段を用いてくる。これに対して、日本の自衛隊はなにかをやるときは必ず法律的な根拠がいるポジティブリスト規制で、根拠規定にある行動しかとれない。しかも法律の内容は相手に筒抜け。なおかつ、根拠規定たる法律はひとつの状況を前提につくるから、状況が変わると自衛隊は動けなくなってしまう。これが現実です。果たしてこれで、日本を守ることが可能でしょうか。

まして、集団的自衛権においてをや、という話です。自民党の石破茂氏などが一時しきりに主張していたように、「集団的自衛権を行使できる15の事例集をつくって、国民みんなが理解できるように議論しましょう」といった考え方は保守政治家の間でも根強い。言うまでもなく、これはポジティブリストの発想です。

他国にこちらの手の内をあかし、「ならば、こういう作戦をとれば日本は集団的自衛権を行使できないのだな」と教えてやっているのが日本の集団的自衛権をめぐる議論なのです。

最初にも述べたように、軍事力がきちんと機能してこそ戦争に巻き込まれることを防げるのです。自衛隊が根拠規定でしか動けない、法律でがんじがらめにされた自衛隊がまともに行動できない現状こそが危険です。軍隊を行動させるのは国際法で、という常識を日本人も知る必要があります。

【常識⑤】

根拠規定（ポジティブリスト）で動く軍隊は役に立たない。

日本を軍事的に自立させずに経済支配をするアメリカの戦略

日本が防衛出動発令までは集団的自衛権はおろか個別的自衛権さえ行使できない現状では、なにか事が起きないように日米安保でアメリカの抑止力に期待するしかありません。すなわちアメリカに守ってもらっている状況なのです。これはアメリカにとっても好都合で、アメリカの対日戦略の基本は、「日本を軍事的に自立させずに経済支配する」というものだと思います。

その狙いが一番よく表れているのが、北朝鮮のミサイルの脅威を煽《あお》る動きでしょう。核を保有し、ついに小型化してミサイルに積む技術まで得たと言われる北朝鮮は、日本に向かってミサイルを撃つかもしれない。アメリカはミサイル防衛兵器をつくっている。だから早くそれを買ったらどうだ、と日本に言ってくるわけです。

また、日本は現在、敵地攻撃能力をもちません。もしも北朝鮮がミサイルを撃っても、敵のミサイル基地を攻撃して無力化することができない。だから攻撃を受けたときにはアメリカに反撃してもらうことになっているわけです。

過去にアメリカから買った軍事システム

イージスシステム

艦対空防衛を目的。レーダー、指揮決定システム、射撃管制システム、ミサイルなどが統合されており、同時に多数の目標を捕捉できる。航空機、対艦ミサイル、弾道ミサイルなど空からの脅威に圧倒的な対応力を持つ。

（写真）イージスシステムを搭載した「みょうこう」

PAC3

地対空防衛を目的。パトリオット（ペトリオット）として知られる地対空ミサイルの最新型を指すとともに、これを中心にレーダー、射撃管制装置などを統合したシステムの名称でもある。PAC2を発展させ、弾道ミサイルにも対応能力を持つ。

そうするとどうなるでしょうか。北朝鮮の脅威を煽られて、ミサイル防衛システムはアメリカはもうできているからといって買わされる。そうすると、本来は敵地攻撃力に回すべき予算が攻撃力に回らなくなります。では攻撃を受けたときにどうするかといえば、日本はやっぱりアメリカに頼るしかない。

こうして、国の守りのアメリカ依存度はますます高まっていきます。

要するに、日本は軍事的に自立できないということ。これが北朝鮮のミサイルの脅威を煽るアメリカの真の狙《ねら》いなのです。守ってやるから他で言うことを聞けということで、アメリカの都合のいいように金を出させられたり、さまざまな「構造改革」の要求をのまされることになります。経済的な支配がますます強まるのです。

　こうした支配を続けるためには、アメリカは自国の戦闘機、自国の護衛艦、自国のミサイルシステムを日本に使わせ続ける必要があります。装備の面で依存させておくかぎり、自衛隊はアメリカから離れることができないという現実があるのです。

　自動車と戦闘機はまったく違います。自動車なら、たとえアメリカの自動車を買ってきても、日本の町工場で整備して動かすことはできます。アメリカと手を切ってもアメリカ車は使えるのです。

　戦闘機やミサイルシステムはそうはいきません。つくったアメリカが継続的に技術支援をしてくれなければ動かないようになっています。

　２０１１年の12月に、航空自衛隊はＦ35というステルス戦闘機の導入を決定しました。Ｆ35は、確かに性能的には世界でもトップレベルの戦闘機です。

　ただ、この戦闘機はアメリカ、イギリス、オーストラリア、カナダなど９カ国共同開発の戦闘機です。すでに各国の製造分担が決まっている。そこに日本が10カ国目として入っていってなにをつくらせてもらえるでしょうか。いったい、どんな開発要素があるんだということになります。Ｆ35を買ってしまうと、日本の戦闘機開発製造技術が失われてしまうかもしれないのです。

日本の兵器製造のレベル

US-2（救難飛行艇）

世界で唯一航空機搭載波高計を搭載し、波高3メートルの海面にも離着水可能。各国から購入の申し入れがあり、インド政府とは政府間協議が進んでいる。

潜水艦

スターリングエンジンによる極めて高い静音性、長い航行時間を実現し、世界最強の呼び声も高い。オーストラリアをはじめ ASEAN 諸国への輸出が期待されている。

C-2（大型輸送機）

川崎重工が製造する、30 トンの積載量と1万キロの航行距離、最大時速 890 キロを誇る輸送機。中東諸国が導入に動いている。

小型艦艇

小型護衛艦、掃海艦艇、さらには海上保安庁の巡視艇など、高性能の小型艦艇が中国の進出に備える東南アジア諸国から導入を熱望されている。

　F15のように、日本企業（三菱重工）が製造を請け負っている戦闘機もありますが、それでもやはり肝心なところはアメリカに聞かないとわからないようになっています。というのも、現代の兵器システムの能力を決めるのは半分以上がソフトウェアだからです。ソフトウェアの中身はつくった国にしかわかりません。

　したがってアメリカのつくった戦闘機やミサイル防衛システムを使っているかぎり、日本はアメリカに逆らうことはできない。アメリカと決定的な対立構造になると、とたんに兵器が使えなくなるのです。結局、アメリカの意図に追従して日本は動くしかないということです。

では、この構図を脱して自立に向かうためにはどうしたらいいのか。なすべきことは、武器輸出解禁です。

武器を外国に売れるようになれば日本企業も開発・製造に力を入れるようになります。戦闘機製造施設などの設備も無駄になりません。いい武器をつくれば世界中で売れますから、量産効果も出て値段も安くなります。そうすれば、現在はアメリカ製の戦闘機やミサイルシステムは逐次、日本製に置き替わっていくことになる。そうしないと国家の自立はできません。国家の自立と軍の自立は同義語です。軍の自立なしに国家の自立はありえません。

しかしながら、このことを認識している日本の政治家はごく少ない。「今日から日米対等だ」と言ったらその瞬間から対等になると思っている政治家が少なからずいるのが現状です。日本の政治家は軍事について理解している人が少ないのです。軍事についての理解度が、日本の政治家と外国の政治家の決定的な違いと言ってよいでしょう。

これまでも、日本の自立のために国産の兵器をつくるという努力はほそぼそとなされてはきました。

そのひとつが、先ほど述べたF15などの「ライセンス国産」という方式です。アメリカから図面を買って、日本で三菱重工を中心に戦闘機をつくる。アメリカでつくった戦闘機を輸入するのに比べれば値段は2倍かかります。しかし、国家の自立のためには値段が2倍かかってもやむをえないということでずっとやってきたわけです。

さらにさかのぼると、1975年、F1という戦後初の戦闘機が飛んだあと、その後継機としてF2という、いまも航空自衛隊の使っている戦闘機を国産で開発しようという試みがありました。すると、アメリカから猛烈な横槍《よこやり》が入って、すったもんだした末に当時の中曽根康弘総理大臣が日米共同開発にするという判断をした。これが戦後の国産戦闘機の挫折《ざせつ》の始まりだったわけです。

【常識⑥】

武器輸出解禁は、
日本が自立するために
必要な政策である。

「核の傘」はどこまであてになるのか？

国際社会というものは、本当に腹黒で、ダブルスタンダードがまかり通っている熾《し》烈《れつ》な社会です。どの国も自分の国が儲《もう》かればいいと考えていて、その点はアメリカでもロシアでも中国でもみな一緒です。

では、もし、日本が核攻撃をされたらアメリカが日本のために核ミサイルを撃つでしょうか。撃つわけがありません。

たとえば中国が日本に核ミサイルを撃ったとして、アメリカは「核の傘」で反撃してくれるでしょうか。アメリカが中国から反撃されることを予測したうえで、勝者なき核戦争を始めるでしょうか。そんなことはありえないとわかるでしょう。

前に述べたように、核兵器はあくまでも防御のための武器であり、抑止力でしかありません。

さらに言えば、日米安保条約も抑止力でしかないのです。

もちろん、あらかじめ「日米安保は役に立たない」と言う必要はありません。それを言っても地域の不安定を招き、日本に対する侵略を誘発するだけです。だから「日米安保は役立つ」と言っておくことは必要ですし、日米安保の体制を共同訓練などを通じて強化しておくことは大事です。

とはいえ、万が一、抑止が破綻《はたん》したとき――戦争が始まったときにアメリカが日本を助けるかといったら、それはわかりません。助けたほうがアメリカが儲かる場合は助けてくれるでしょうし、アメリカが損をするようなら助けられないでしょう。当たり前です。

「核の傘」も日米安保条約も、あくまで抑止力でしかないのです。

だから日本は、一歩ずつ「自分の国は自分で守る」という体制に近づいていくしかない。そのことを日本人は自覚しなければいけないのです。

【常識⑦】

「腹黒」な国際社会で生き残るには、軍事的自立は不可欠である。

第2章

日本をめぐる国際関係の常識

ウクライナで見えてきたもの

２０１４年3月の、ロシアによるクリミアの併合は、一度は終わったかに見えた東西冷戦の新たな始まりを画すものでした。

日本ではあまり報道されませんでしたが、現在のウクライナ暫定政権は、２０１０年に選挙で選ばれたヤヌコビッチ大統領をクーデターで倒して権力を掌握したものです。つまり、民主的な手続きをふんでつくられたものではなく、なんら正当性をもっていません。

その暫定政権が、ウクライナの憲法上の手続きを無視してクリミアの編入を決めたロシアを非難している構図ですが、果たしてそんな資格があるのでしょうか。どっちもどっちだと言わざるをえません。

では、なぜ日本のマスコミはあくまでウクライナ暫定政権が正しいという視点を崩さないのでしょうか。言うまでもなく、彼らはアメリカ寄りだからです。結局、アメリカが支持する勢力を支持するしかないのが日本のマスコミです。

そのアメリカも、併合から1年が経ってもロシアに対する効果的な「制裁」はできていません。できるわけがないのです。ロシア自身が常任理事国である国連安保理では制裁を決議できないのはもちろん、実力的に見ても核武装国に対する軍事攻撃はありえないのは第1章で見た通りです。あらためて、核兵器は究極の戦争抑止兵器であることがよくわかるでしょう。

一方では、今回のロシアの動きを見て、「帝国主義が復活する」などと言っている人も見受けられますが、そこまでいくとは私は考えません。

国際社会がここまで緊密につながるようになり、情報が瞬時に世界を駆け巡る時代において、かつてのような大規模な侵略はほぼ不可能です。大きな動きをしようとすれば、それだけ露見しやすくなる。昼に動けば夕方まではすべてが世界に報じられてしまう時代です。

新たな冷戦がどのようなものかは、こうした前提のもとで見ていかなくてはなりません。

【常識⑧】

グローバル化、情報化時代に かつてのような 「侵略戦争」「帝国主義」は 存在しえない。

中国の軍事力はアメリカに迫りつつある？

現在の世界情勢について、しばしば言われるのが「米中2軍事超大国」ということです。

20年以上にわたって軍拡を続けた中国は、いまやアメリカに匹敵する実力を身につけつつある、というわけです。

これはまったくの誤りです。軍事を知らない素人の誤解にすぎません。

確かに中国は軍拡を進めてきましたし、いまも進めているのですが、それでも米中の軍事力の差は圧倒的です。

アメリカを10とすれば中国は1にも満たないでしょう。それくらい、アメリカの軍事力は圧倒的なのです。

具体的に説明しましょう。

たとえば、中国空軍は２０００機の戦闘機を有していると言われます。しかしその実態は、ほとんどが使い物にならないくらいの旧式です。

現役軍人数：国別ランキング（2012年）

順位	国	人数（単位：人）			
		現役軍	予備役	準軍事組織	合計
1	中　国	2,285,000	510,000	660,000	3,455,000
2	アメリカ	1,569,417	865,370	11,035	2,436,822
3	インド	1,325,000	1,115,000	1,300,586	3,780,586
4	北朝鮮	1,190,000	600,000	5,700,000	7,490,000
5	ロシア	956,000	20,000,000	474,000	21,430,000
6	韓　国	655,000	4,500,000	3,000,000	8,155,000
7	パキスタン	642,000	513,000	304,000	1,459,000
8	イラン	523,000	350,000	60,000	942,000
9	トルコ	510,600	378,000	150,000	1,038,600
10	ベトナム	482,000	5,000,000	40,000	5,522,000
11	エジプト	438,500	479,000	397,000	5,261,000
12	ミャンマー	406,000	0※1	107,250	513,250
13	ブラジル	318,480	1,340,000	395,000	2,053,480
14	タ　イ	305,860	200,000	113,700	619,560
15	インドネシア	302,000	400,000	280,000	982,000
16	シリア	295,000	314,000	108,000	717,000
17	台湾	290,000	1,657,000	17,000	1,964,290
18	コロンビア	283,004	61,900	144,097	489,001
19	メキシコ	280,250	87,344	51,500	419,094
20	イラク	271,400	-	-	271,400
21	ドイツ	251,465	40,396	-	261,861
22	日　本	247,746	56,379	12,636	317,008

※１：準軍事組織と一体化している

出典：国際戦略研究所（IISS）

使えるとすれば１９８０年代から運用が始まった第４世代機だけですが、それは４００機ほどでしかありません。

それでも自衛隊の３００機よりは多いと考えるとそれなりの戦力のようですが、話はそう簡単ではないのです。

現代の戦争において、戦闘機の能力を決めるのは情報です。空中で、どれだけの情報をリアルタイムにえられるかがなによりも重要。それに次ぐのが搭載レーダーの性能や搭載ミサイルの性能といった要素です。

詳しくは自衛隊の実力を検討する第3章、日中の装備を比較する第4章で述べようと思いますが、この観点から見るとき、中国空軍の400機の戦闘機なるものは、ほとんど話になりません。情報の把握、共有能力があまりに低いからです。はっきり言えば、自衛隊が30年前にやっていたレベルの戦い方をいまでもやっている。

そんな軍が、アメリカと伍《ご》するほどの実力をもっているはずがありません。

「米中2軍事超大国」などといわれるのは、中国を大きく見せて、「言うことを聞いたほうがいい」と思わせるための情報戦の一環にすぎないのです。中国がその情報戦を日本に対して展開しますが、実はアメリカにとってもそれは好都合なのです。アメリカはアメリカ自身の軍事力の整備がやりやすくなると同時に、日本に対し、中国軍が強大だから日米安保が必要だ、日本はアメリカを大事にしなければならないと思わせることができるからです。アメリカは、本音では、中国を大して警戒してはいないのが実際のところです。

【常識⑨】

「中国脅威論」は9割引きしてみればちょうどいい。

アメリカが本当に恐れていることとは

もしもアメリカ発の「中国脅威論」があるように見えるとしたら、それはアメリカ軍が防衛予算を確保するためにあえて言っているのです。けっして実態を反映したものではないことに注意しなくてはいけません。

では、アメリカが本当に警戒しているのはなにかと言えば、もちろんロシアです。軍事力で言えば、ロシアは中国とは比較にならないほどの脅威であることは言うまでもありません。

なにしろ、中国が導入しようとしている最新鋭戦闘機スホイ35はロシア製です。戦闘機を輸出しているロシアは、いつでも中国の息の根を止められる立場です。これは、第1章でアメリカと日本の関係について述べたことから理解していただけるでしょう。

このように、ロシアは中国に比べれば圧倒的に強いわけです。しかし、そのロシアにしたところで、冷戦下の旧ソ連時代、アメリカと戦争をして勝てる状態になったことなど一度たりともありません。

ロシアの輸出総額、兵器輸出、国内調達

年	2000	2001	2002	2003	2004	2005	2006	2007	2008	2009	2010
輸出総額（10億ドル）	105.0	101.9	107.3	135.9	183.2	243.8	303.6	354.4	471.6	301.7	400.0
兵器輸出（10億ドル）	3.7	3.7	4.8	5.6	5.9	6.1	6.5	7.4	8.4	8.8	10.0
兵器／総輸出（%）	3.51	3.64	4.48	4.10	3.20	2.51	2.13	2.09	1.77	2.93	2.50
兵器輸出（10億ルーブル）	104	112	151	171	169	173	176	189	207	280	305
国内調達（10億ルーブル）	19	32	29	77	122	120	116	143	215	220	375
国内／輸出（%）	18.79	28.95	19.52	45.26	72.28	69.18	66.07	75.68	103.57	78.82	123.03

出典：Alexander Dynkin and Natalia Ivanova,eds.,*Russia in a Polycentric World*（Moscow:Ves Mir,2012）

それだけ圧倒的な力をもっているにもかかわらず、アメリカはロシアではなく、より弱い中国の「脅威」を訴えている。冷戦時代には、さんざんソ連の脅威論をとなえてきました。これらはいずれも、軍事費を確保するための情報発信です。

中国という「脅威」がなくなることで、ただでさえ年間5兆円も削減されている軍事費がさらに削られること。これこそが、アメリカにとって真の脅威だと言えるでしょう。

このことは、日本の自衛隊にとっても周知の事実です。けれども、防衛省は決してアメリカの言う「中国が脅威だ」「ロシアが危ない」といった主張を否定したりはしません。当たり前です。中国は大したことがない、と認めてしま

ったら、「ならば自衛隊も予算を削りなさい」と言われるからです。

このことに限らず、軍事においては「常に本当のことを言う」という正直な情報発信の仕方は得策ではありません。

ですから、中国の「脅威」を言い立てるアメリカのように、自分たちに有利な情報を流す、そのためにウソもつくのは常識なわけです。

それに加えて、もし本当のことしか言わなければ、相手方に情報収集能力を推測されてしまいます。自軍の情報収集能力を隠すためにも、時にはわかっていてもわからないふりをしなければいけない。また、わかってないこともわかっているような顔をしなければならないのです。

このように、アメリカはロシアを見ながら、現在の国際政治のなかでは中国の脅威を言い立てたほうが有利と判断していて、それに沿った情報戦を展開しています。

もちろん、ロシアも中国もそれぞれに他国を利用して情報戦を進めようとしていることにかわりはありません。この基本的な構図を忘れないことです。

【常識⑩】

わざわざ「脅威」を否定する軍人はいない。予算を削られるからである。

「敵」と共同演習をする意味

アメリカの太平洋軍司令部は、2年おきにハワイ沖で大規模な軍事演習を行っています。よく知られた「環太平洋合同演習」（リムパック）です。

2014年のリムパックには、日本、韓国、フィリピンなどの同盟国と並んで、「脅威」であるはずの中国軍が招待されています。これなども、軍事の常識と縁遠い人には「なぜ『敵』を合同演習に？」と不思議に思えるのかもしれません。

リムパックに中国を招待したアメリカの目的はいろいろあるでしょうが、最大の狙《ねら》いは中国の情報を取ることです。

前述のように、「脅威」と言いながら実際は中国の軍事力などまるで眼中にないのがアメリカです。とはいえ、軍拡を続けている中国を一応はウォッチしつづけることは怠っていません。そこで、実際に中国の戦力を見て、「やはり取るに足りない」と確認する場がリムパックだったということになります。

中国も、こうしたアメリカの狙いには当然気づいています。しかし、彼らもアメリ

環太平洋合同演習（リムパック 2014）参加国一覧

【22 カ国】アメリカ、オーストラリア、ブルネイ、カナダ、チリ、コロンビア、フランス、インド、インドネシア、日本、マレーシア、メキシコ、オランダ、ニュージーランド、ノルウェー、中国、ペルー、韓国、フィリピン、シンガポール、トンガ、イギリス

期間：2014 年（平成 26 年）6 月 26 日～ 8 月 1 日
艦艇 48 隻、潜水艦 6 隻、航空機 200 機以上、人員約 25,000 人以上

海上自衛隊	陸上自衛隊
DDH-182 いせ	西部方面普通科連隊
DDG-174 きりしま	
P-3C哨戒機×3機	

初参加陸自 40 人、空自 434 名、海自 740 名

アメリカ海軍
CVN-76 ロナルド・レーガン
CG-57 レイク・シャンプレイン
CG-65 チョーシン
CG-71 ケープ・セント・ジョージ
CG-73 ポート・ロイヤル
DDG-90 チェイフィー
DDG-102 サンプソン
DDG-111 スプルーアンス
DDG-112 マイケル・マーフィー
LCS-2 インディペンデンス
FFG-51 ゲイリー
FFG-60 ロドニー・M・デイヴィス
LHA-5 ペリリュー
LSD-47 ラシュモア
T-AO-187 ヘンリー・J・カイザー
T-AO-194 ジョン・エリクソン
T-AH-19 マーシー
T-ATF-169 ナバホ
T-AOE-7 レーニア
T-ARS-52 サルボア
潜水艦3隻
アメリカ沿岸警備隊
WMSL-751 ウェイシー

オーストラリア海軍
AOR-304 サクセス
SSG-77 シーアン
カナダ海軍
FFH-335 カルガリー
SSK-876 ヴィクトリア
韓国海軍
DDG-993 西厓柳成龍
DDH-987 王建
SS-068 李純信
中国人民解放軍海軍
DD-171 海口
FF-575 岳陽
AO-886 千島湖
T-AH-866 岱山島
インド海軍
F-49 サヒャディ
フランス海軍
F-731 プレリアル
ノルウェー海軍
F-310 フリチョフ・ナンセン

チリ海軍
FF-15 ブランコ・エンカラーダ
メキシコ海軍
P-164 レボルシオン
シンガポール海軍
F-69 イントレピッド
ニュージーランド海軍
L-421 カンタベリー
コロンビア海軍
FM-51 アルミランテ・パディーヤ
インドネシア海軍
LPD-593 バンダ・アチェ
ブルネイ海軍
OPV-06 ダルサラーム
OPV-08 ダルラマン

出典：http://ja.wikipedia.org/wiki/ 環太平洋合同演習

カや日本のレベルを知りたいし、できればその差を埋めたいと考えている。だから招待されれば出てくるというわけです。

共同訓練をすると、情報を取られてしまうことは避けられません。たとえば、艦艇にはその艦に固有のスクリューやエンジンなどの音、いわゆる「音紋」があります。日本やアメリカ艦船の音紋をはじめ、さまざまなデータを中国軍はリムパックでえたことになります。

これは、裏を返せば日本やアメリカも中国軍の情報を取れるということです。ですから、リムパックで情報を掌握したからといって中国軍が有利になるとか、日米に挑戦してくるということにはなりません。

むしろ考えられるのは、日本の戦力を実際に間近で見ることで、中国の軍人が「これは勝てない」と威圧されたのではないか、ということです。

【常識⑪】

情報を取るためには、ある程度情報を取られることもやむをえない。

韓国の実力と北朝鮮の存在価値

リムパックにも参加している、韓国の実力はどうでしょう。

北朝鮮との緊張関係が続き、常に臨戦態勢をとらなければいけないのが韓国軍です。そのため、韓国空軍はＦ15やＦ16を保有し、スクランブル発進の態勢も整え、それなりの実力をもっています。ただ、海軍は海上自衛隊に比べればまだまだ、というのが正直なところです。

おそらく韓国軍は、北朝鮮軍との戦いには問題なく勝てるはずです。これまで何度か述べてきたように、現代の戦争は高度な技術の戦いです。韓国と北朝鮮では、兵器のレベルが違いすぎるのです。

特に、空や海での戦いでは、情報システムを含めた兵器の性能が決定的な意味をもちます。ここで北朝鮮軍は韓国軍に圧倒されるでしょう。

北朝鮮側がある程度、もちこたえられるとすれば地形を活かしたり、ゲリラ戦を展開するなどして兵器の能力の差をある程度は埋められる地上戦です。それでも、空・

韓国と北朝鮮の戦力比較

朝鮮人民軍

【陸軍】
兵員：約 101 万人
陸軍は 15 個の軍団で構成されている。前後方軍団 9 個、機械化軍団 2 個、国境警備司令部、ミサイル指導局、軽歩兵教導指導局、平壌防御司令部などから構成されている。
兵器：戦車 3500 両、ヘリコプター約 300 機などを保有。
【海軍】
兵員：約 6 万人
東海艦隊と西海艦隊を合わせた 16 個戦隊とそれらの傘下に置かれる海軍砲兵部隊、地対艦ミサイル部隊、海兵隊である 2 個海上狙撃旅団などから構成されている。
艦艇隻数：約 650 隻
艦艇総トン数：11 万トン
航空機数：約 20 機
【空軍】
兵員：約 11 万人
4 個飛行師団と 2 個戦術輸送旅団と特殊部隊の 2 個空軍狙撃旅団などから構成されている。
保有機:約 1300 機（うち MiG-29 が 18 機、MiG-23 が 56 機、Su-25 が 34 機など）
【核兵器】
保有核弾頭数：10 発未満

大韓民国国軍

【陸軍】
兵員：約 52 万人
第 1 軍司令部、第 2 軍司令部、第 3 軍司令部、首都防衛司令部、特殊戦司令部、航空作戦司令部などから構成されている。
兵器：戦車約 2300 両、ヘリコプター約 450 機などを保有。
【海軍】
兵員：約 6 万 8000 人、うち海兵隊員 2 万 7000 人が含まれる。
艦艇隻数：約 190 隻（うちイージス艦 3 隻）
艦艇総トン数：約 15 万トン
航空機数:81 機（艦載ヘリコプター 47 機、陸上固定翼機 21 機、陸上ヘリコプター 13 機）
【空軍】
兵員:約 6 万 5000 千人
作戦司令部 (南部戦闘司令部、北部戦闘司令部、防空砲兵司令部)、軍需司令部などで構成される
保有機:約 790 機（F15K が 60 機、F16/KF16 戦闘機が 164 機など）
【核兵器】
保有核弾頭数：0 発

出典：http://matome.naver.jp/odai/2141414651560339401

海での差は決定的で、北朝鮮が韓国を転覆させることは考えにくいでしょう。

まして、日本にとって北朝鮮の軍事力が脅威になることはまずありえません。

ただ、北朝鮮が駄々っ子のように振る舞い、時々ミサイルを発射することで、日本は防衛力の整備をやりやすくなります。アメリカにとっても、北朝鮮の「脅威」が語られることで日本から金を出させやすくなる、ということはすでに述べました。

各国は北朝鮮をそれぞれの立場で利用し、北朝鮮もそのことをサバイバルに利用している。これが国際社会なのです。

【常識⑫】

現代戦を左右するのは兵器の能力。特に、空と海では決定的。

第3章

自衛隊はどこまで闘えるか

「実力」は安易に語れない

本章では、日本の防衛を担う自衛隊の実力がいかなるものか、について述べていこうと思いますが、その前に言っておかなくてはならないことがあります。

現在、中国軍は戦闘機を2000機も保有しているのに対して、航空自衛隊は350機である。中国の戦力はそこまで行っているのか、これはただならぬ脅威だ——という見方は短絡的すぎる、ということは第2章で述べた通りです。情報システムや戦闘機の性能を見れば、中国軍は「脅威」とはほど遠いのです。

では航空自衛隊と中国空軍の「どちらが強いか」という問いに答えるならば、くわしく前提条件を設定しなければいけません。

実際の戦闘は、特定の条件下で起こるものだからです。

たとえば、「尖閣《せんかく》の上空で航空自衛隊と中国空軍が航空優勢のとり合いをしたらどうなるか」というように、個別的な要素を限定したうえでならどちらが強いか、を言うことはできます。これについては、後の章で詳しく述べることにします。

「どちらが強いか」「どちらが勝つか」は、現実の戦闘場面を設定したうえでなくては、語れるものではありません。

はっきり言えば、防衛の現場にいる人間でなくては、本当のところはわからない。自衛隊の実力も、中国の軍事力の実態も、生の情報を集めているのは自衛隊だからです。

私でさえ、現場から離れて数年経ついま、自衛隊の最新情報を仕入れることでなんとか苦労してこうして自衛隊の実力について語ることができるのです。

マスコミなどで報道される軍事情報は、実態とかけ離れていることが多いということを私は現役自衛官のときから感じてきました。

【常識⑬】

軍事の「専門家」の多くは、現実の戦闘を知らない。

スクランブルで鍛えられた空自の防衛力

以上を踏まえたうえで、自衛隊の実力を、まずは航空自衛隊から見てみましょう。

結論から言うと、敵の侵入に対して即応する、という守りの実力についていえば、航空自衛隊は世界一の水準にあります。

国籍不明機に領空を侵犯されそうになったとき、自衛隊機はスクランブル発進して5分で上空に上がります。

スクランブルがどういうものなのか、簡単に説明しておきましょう。

国際線を飛ぶ民間機は国際民間航空機関が定めたコードによって応答信号を出しながら飛んでいますので、地上の管制機関からレーダーで問い合わせれば、即時に「これは日本航空の○便である」と識別することができます。

それとは別に、軍用機には識別符号があるので、やはり敵味方、どの国のどんな飛行機なのかを識別できます。

また、平時には航空機はみなフライトプランを出しています。これは民間機も、米

日本海防衛のイメージ

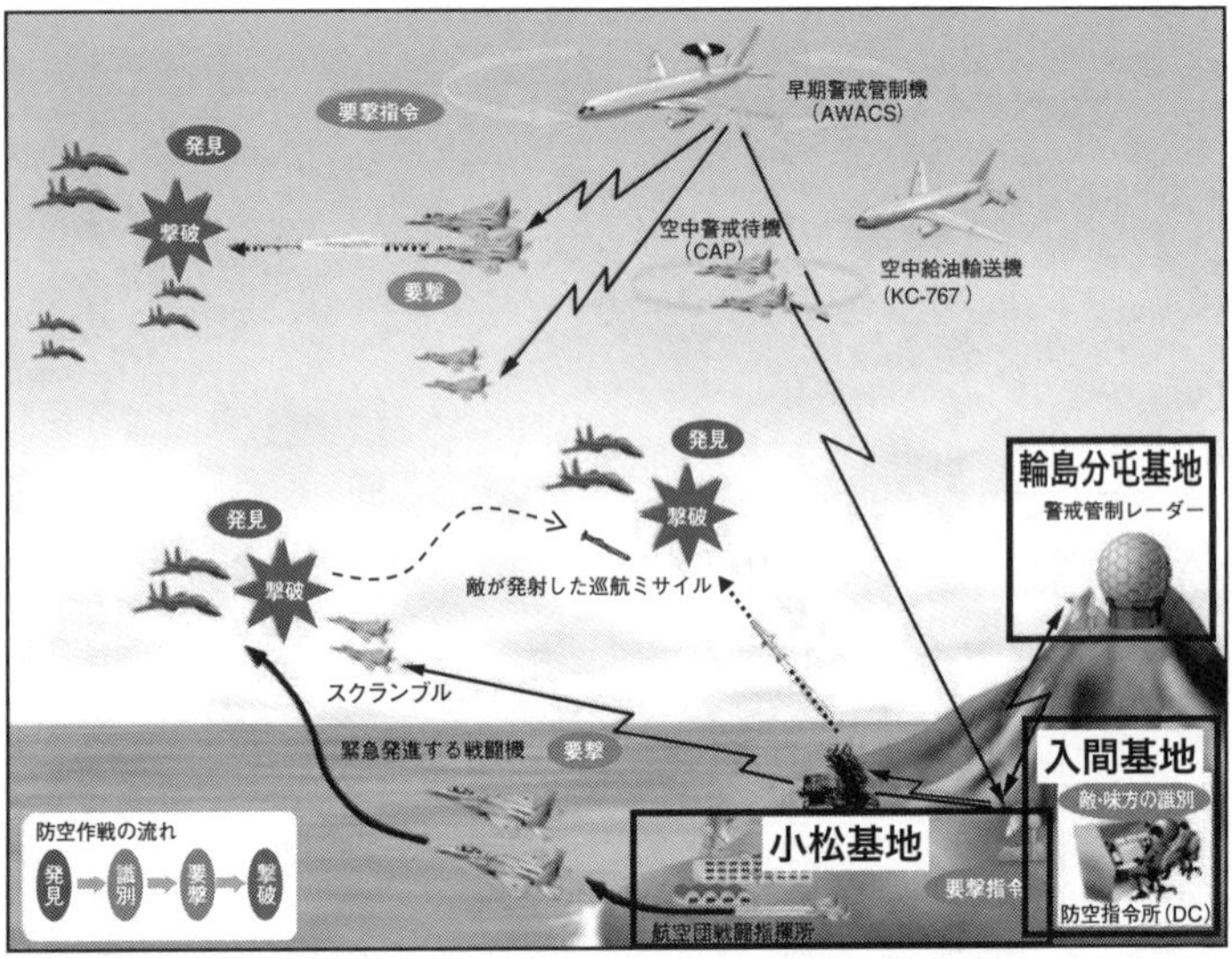

輪島分屯基地（不審な航空機発見）→入間基地（スクランブル司令）→小松基地スクランブル

小松基地は第６航空団として、第 303、第 306 の２つの要撃飛行隊（実戦部隊）があり、F15 戦闘機が約 40 機で編成されています。そのうち 10 機ほどは整備やメンテナンス状態なので、毎日 40 機が訓練しているわけではないということです。

出典：平成 26 年版「防衛白書」より

軍機も、自衛隊機も、日本領空を飛ぶ航空機はすべてです。航空自衛隊は国土交通省からこのフライトプランを入手しているので、フライトプランとの照合によっても飛行機の正体を知ることができます。

　スクランブルは、このフライトプランと合致しない航路を飛んでいる飛行機を発見した場合に取られる対応です。

　といっても、いきなり発進するわけではありません。

冷戦期以降のスクランブル実施回数とその内訳

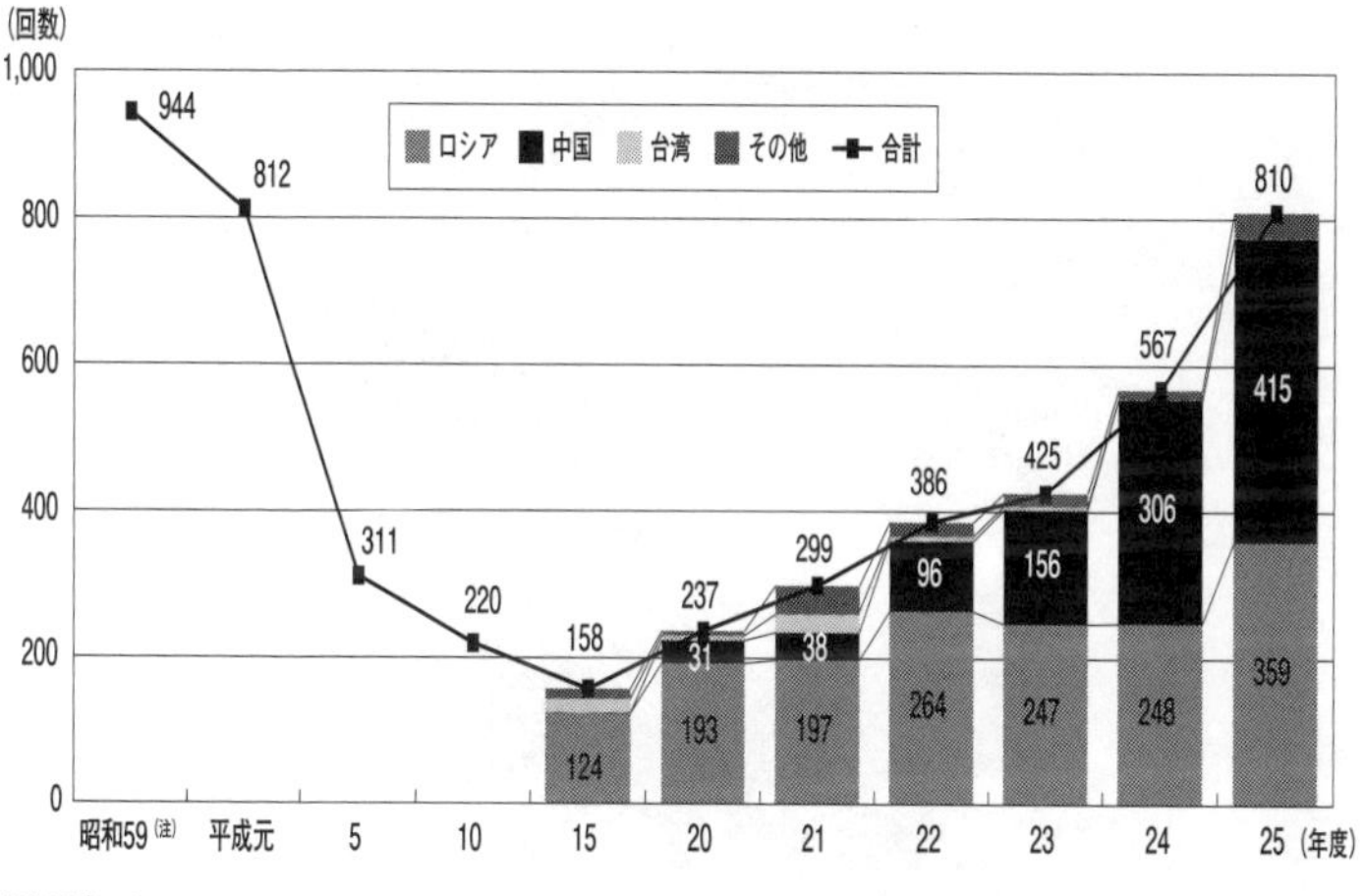

(注)冷戦期のピーク　　出典：平成26年版「防衛白書」

怪しい飛行機をレーダーがとらえた場合、まずは直接連絡をとって質問をします。平たく言えば「あんた誰？」というわけです。このとき、質問に答えないのがロシア機や中国機といった軍用機です。そこではじめてスクランブルとなるわけです。

スクランブルは、三沢（青森県）、入間（埼玉県）、春日（福岡県）、那覇（沖縄県）に置かれている航空方面隊の方面隊司令官（不在の場合は当直幕僚）が命じます。このスクランブルに備えて、各航空団では24時間体制で飛行服を着たパイロットが待機し、整備員も同様に常駐しています。

緊急発進の対象となった
ロシア機および中国機の飛行パターン例

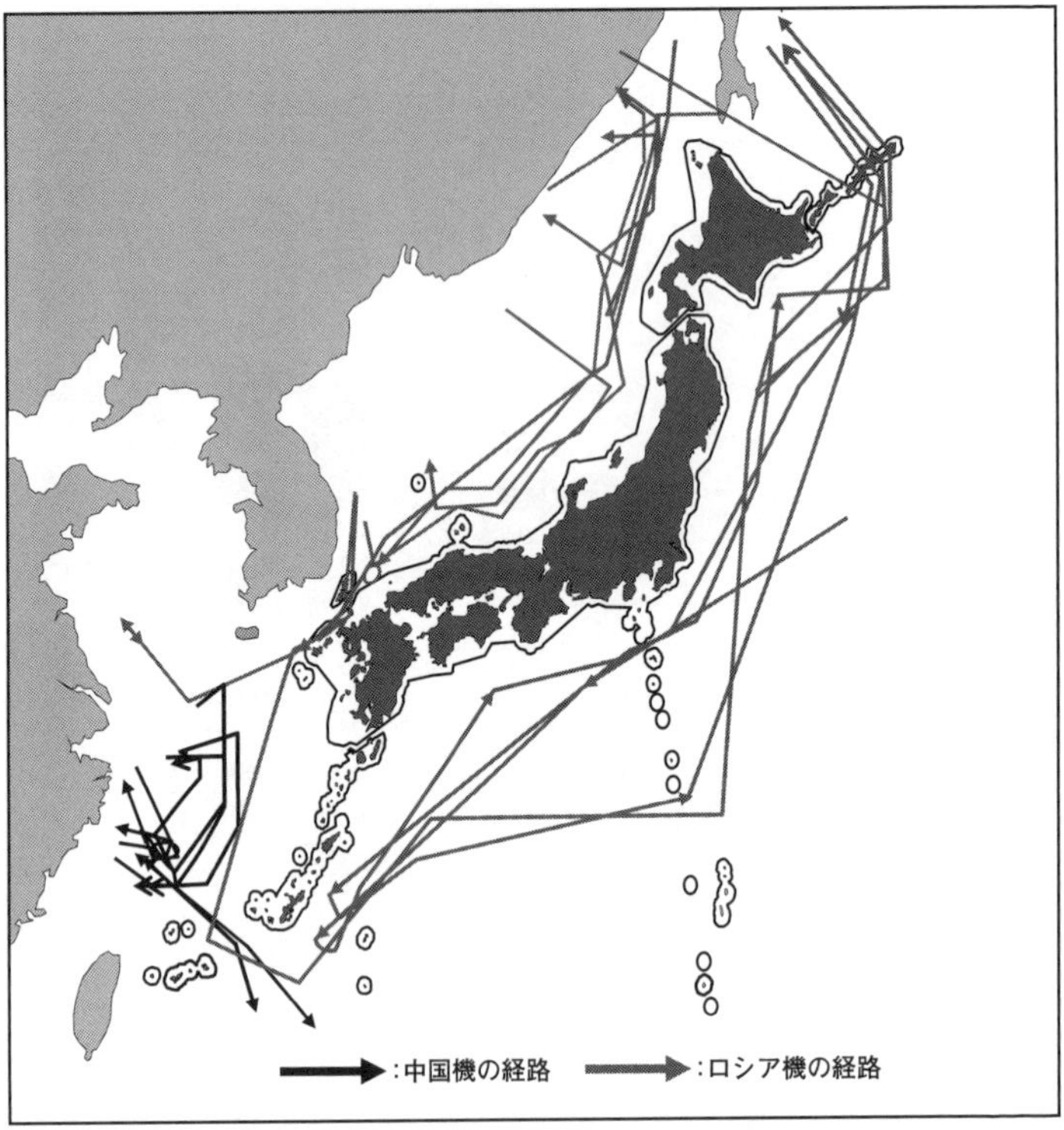

出典：平成 26 年版「防衛白書」

そして、スクランブルのベルが鳴れば瞬時に駆けつけて、わずか5分以内に発進するわけです。

これがスクランブルのあらましですが、『田母神戦争大学』（産経新聞出版）のなかで共著者の石井義哲氏が述べているように、スクランブルはそう簡単にできることではありません。常に完璧《かんぺき》な整備をしておき、パイロットが24時間体制で待機することはもちろん、レーダー網による探知・識別、指令のシステムが確立されていなくてはいけません。それを可能にするためには、装備や設備のみならず、優秀な人材を相当な厚みをもって育成しておく必要があります。

つまり、「5分で上がる」スクランブル体制は、一朝一夕にできるものではないし、軍事費を増やせば、新しい戦闘機を導入すればできるというものでもない。おそらく、中国の空軍が航空自衛隊と同じことをできるようになるためには、10年、20年といった歳月が必要なはずです。また、石井氏の言うように「日本人の勤勉性などが、それを可能にしている」というのも一理あるでしょう。

現在、日本と同じレベルのスクランブル体制をもっているのは、世界を見回しても韓国とイスラエルくらいのものです。

アメリカ空軍といえども、これほどの「守り」の即応性はもっていません。というのも、アメリカ空軍は90%以上が攻撃力だからです。こちらが攻撃したいタイミングで空に上がって攻撃するのが彼らの仕事であり、いつ来るかわからない敵に備える即応力はけっして優れているわけではないのです。

これに対して、そもそもが極東の米軍基地を守る防空部隊として設置され、冷戦期にはソ連機の侵入に対応し続けた航空自衛隊は、「守る」ということに関しては世界一の実力をもっていると言っていいのです。

【常識⑭】

領空を守ることに関しては、航空自衛隊の実力は世界でトップレベルである。

中国軍に「勝てない」と思わせる自衛隊の実力

次に、海上自衛隊ですが、ここでもその実力を測るには、「脅威」とされている中国海軍との対比で考えるのがわかりやすいでしょう。

航空自衛隊が極東米軍基地の防空部隊としての役割を果たしているのと似た構造ですが、海上自衛隊はそもそも、米軍が太平洋などで海上作戦を遂行するときの対潜水艦部隊として立ち上がりました。

そこで潜水艦についてみると、ここでも戦闘機の場合と同じく、中国海軍は海上自衛隊の4倍の潜水艦を保有しており、その中には「最新鋭」とされる艦も含まれています。

しかし重要なのは、海上自衛隊が中国海軍の潜水艦の動きを常時追いかけている、ということです。

第2章で述べたように、艦船には音紋というものがあり、これはたとえ同じ型の潜水艦であっても、1番艦と2番艦では違う、というようにその艦に固有のものです。

日中の潜水艦比較

	海上自衛隊 そうりゅう型潜水艦	中国海軍 漢型(091型)原子力潜水艦

排水量	2900t	4500t
全長×全幅	84m×9.0m	98m×11m
速力	時速約 37km（水中）	時速約 46km（水中）
機関	スターリング機関	原子力ターボ・エレクトリック
武装	533mm 魚雷発射管 ×6、 ハープーン対艦ミサイル	533mm 魚雷発射管 ×6、 対艦ミサイル、機雷
特長	通常動力潜水艦の弱点である航行時間が、スターリング機関の採用により大きく向上。原潜には真似のできない静粛性をもち、潜水艦の本領である「発見されずに攻撃する」能力では世界最高レベル。	頻繁な燃料補給、酸素の補給が必要ない原潜のため長期間の潜行が可能。ただし、静粛性をはじめとする性能では、米・ロなどの同等の原潜に比べ劣るとされている。

この音紋を追いかけることで、潜水艦は識別できますし、またその艦がどこをどう動いているのか、という情報を正確に知ることができるわけです。もちろん、「この潜水艦はまったく動いていない」ということも含めてです。

おもしろいのは、こうして海上自衛隊が得た情報によれば、圧倒的に数で勝るはずの中国海軍の潜水艦のなかには、動いていない潜水艦が多数あるということ。つまり、戦闘機と同じく、数はあっても動かせない、ということです。

動く艦にしても、中国海軍の潜水艦は全般に音が大きい。潜水艦の強みは、自艦の存在を隠して行動し、相手に察知されないまま攻撃することです。互いの位置がわかったうえで水上艦隊と潜水艦が戦えば、必ず負けるのが潜水艦だからです。

ですから、潜水艦にとってもっとも大事なことは音を立てないことだと言ってもいい。実際、海上自衛隊のスターリングエンジンの潜水艦は静かで、高い秘匿性能をもっています。

それに比べると、中国海軍の潜水艦はまるでドラを叩《たた》きながら動き回っているようなものです。原子力潜水艦ともなると、さらに音が大きい。だから、そのほとんどが海上自衛隊に動きを掌握されてしまっているわけです。

こうした実力の差は、中国の軍人たちは当然わかっています。実際に海上自衛隊と総力戦で戦えばまず負けると中国海軍の軍人たちは把握しているのです。だから、本気で戦争を仕掛けるつもりはない。

第2章で、リムパックで中国軍が海上自衛隊の実力を知ったであろうという話をしましたが、陸上自衛隊についていえば、同様のことが東日本大震災のときにありました。

このときは、中国は災害派遣の手伝いに軍を日本に派遣しています。その狙《ねら》いは情報を取ること。陸上自衛隊を中心とする災害派遣部隊の実力を見極めようというわけです。

結果として、中国の軍人は陸上自衛隊の実力に「ものすごい」という印象をもったようです。10万人の部隊が瞬時に現地に行って展開した機動展開能力。未曾有《みぞう》の大地震がもたらした未経験の混乱状況のなかで、的確に救助活動を行ったこと。

これはまさに、戦争になったときにも発揮される力であり、「まともに通常戦力で戦ったのでは自衛隊には勝てない」という印象を与えるに充分だったでしょう。

これも後の章で詳述しますが、中国が尖閣問題をはじめとして主に「情報戦」によって優位に立とうとしているのは、この実力差を認識しているからこそなのです。

【常識⑮】

軍人こそが、自軍と相手の実力をもっとも正確に、冷静に分析している。だから軍人は暴走しない。暴走するのは常に文官。

自衛隊の「強さ」はアメリカ次第

自衛隊の実力について語るとき、気をつけなければいけないのは、米軍との関係です。

自衛隊は、米軍の友軍として行動するときは相当強い。しかし、仮に米軍と敵対することになると、これまで述べてきたような優れた能力はほとんど発揮できなくなってしまいます。

理由は言うまでもなく、自衛隊がアメリカの戦闘機、アメリカの護衛艦、アメリカのミサイルシステム……とアメリカがつくった装備を使っているからです。

これらは、アメリカが継続的に技術支援をしてくれるという前提ではじめて役に立ちます。町工場でも整備できるアメリカの自動車とは違います。

まして、現代の兵器の性能を決めるのはほとんどソフトウェアです。ソフトウェアは中身が見えません。

たとえば、戦闘機のコンピュータに組み込まれている敵味方識別装置は、小型の端末をはめるだけで暗号がセットされます。昔のように、ノートを見ながら「丙《へい》の五番」などと言って暗号をセットしていた頃と違って、まったく中身を知る術《すべ》がない。完全なブラックボックスです。

それでも、韓国などはよく、無理やりこのブラックボックスをこじ開けて、なかのデータを分析しようと企てています。アメリカもそんなことは予測しているので、ブラックボックスを開けた場合にはGPS経由でそれがわかるようになっている。それで次の機会には「黙って開けたから、敵味方識別装置の値段を5倍にする」などと言われてしまうわけです。

このように、ソフトウェアの暗号をつくっているのはアメリカなのですから、基本的にはアメリカにしか中身はわからない。もしもアメリカがコードを変えてしまったら、自衛隊の戦闘機は闘うことができなくなる。もちろん、戦闘機だけでなく、地対空ミサイルだろうが護衛艦だろうが基本は同じです。その意味で、自衛隊の「強さ」は、完全にアメリカの手のひらの上にあるということになります。

実際に、これでイギリスは痛い目に遭わされています。

湾岸戦争のとき、イギリスは巡航ミサイルトマホークを1発も撃つことができませ

武器輸出三原則の内容と見直しの流れ

武器輸出三原則（1967年、佐藤内閣）
　武器輸出三原則とは、次の３つの場合には武器輸出を認めないという政策をいう。
(1) 共産圏諸国向けの場合
(2) 国連決議により武器等の輸出が禁止されている国向けの場合
(3) 国際紛争の当事国又はそのおそれのある国向けの場合

↓ **厳格化**

武器輸出に関する政府統一見解（1976年、三木内閣）
(1) 三原則対象地域については「武器」の輸出を認めない。
(2) 三原則対象地域以外の地域については、憲法及び外国為替及び外国貿易管理法の精神にのっとり、「武器」の輸出を慎むものとする。**←実質的な輸出禁止**
(3) 武器製造関連設備の輸出については、「武器」に準じて取り扱うものとする。

↓ **見直し**

防衛装備移転三原則（2014年、安倍内閣）
(1) 移転を禁止する場合の明確化（第一原則）**←原則移転（輸出）OKに**
(2) 移転を認め得る場合の限定並びに厳格審査及び情報公開（第二原則）
(3) 目的外使用及び第三国移転に係る適正管理の確保（第三原則）

出典：外務省ホームページを元に作成

んでした。これは、アメリカがGPSのモードを操作したためだといわれています。

　イギリスがトマホークを撃てれば、戦後、分け前を要求することができます。石油利権を寄越せというわけです。だからアメリカはイギリスにトマホークを撃たせたくなかった。アメリカにミサイルシステムを操作され、イギリス軍のトマホークは発射準備OKにならないまま終戦を迎えることになりました。

　後にイギリスは、EU独自

武器の輸出額：国別ランキング（2012年）

順位	輸出国	輸出額（USドル）
1	アメリカ	8,760,000,000
2	ロシア	8,003,000,000
3	中　国	1,783,000,000
4	ウクライナ	1,344,000,000
5	ドイツ	1,193,000,000
6	フランス	1,139,000,000
7	イギリス	863,000,000
8	イタリア	847,000,000
9	オランダ	760,000,000
10	スペイン	720,000,000

出典：ストックホルム国際平和研究所（SIPRI）

の「ガリレオ」という衛星測位システムを開発しています。GPSをアメリカに依存しているために痛い目をみた、湾岸戦争の教訓から学んだのです。

多くの日本人にとっては、イギリスとアメリカはほとんど一体のように見えるでしょう。その両国の間でさえ、こうしたことが起きる。ということは、日本にもいつ同じことが起きるかわからないということです。日本の自衛隊が使っているGPS端末は、言うまでもなくアメリカのシステムに依存しています。もしもアメリカがGPSのコードを変えれば、その瞬間から使い物にならなくなるわけです。

こうしたことは、よその国の兵器を使っていれば必ず起きることです。いかに優れた人材を育成しようと、いかに優れた防衛体制を構築しようと、兵器が外国頼みでは決定的な弱みを握られてしまうのです。

それゆえに、世界には日本のように一方的に兵器を輸入するだけという先進国はありません。買えばその分、必ず売るというバランスをとる。もしも兵器を買っている国から技術的な妨害があるようなら、こちらも兵器の提供をやめることができる。これが対等な関係です。

長い間、「武器輸出三原則」によって、「輸入する分にはいくらでもしていいが、武器を売るのはだめだ」という方針をとってきた日本は、自ら首を絞めているようなものでした。

第1章でも述べたように、武器輸出を解禁することは日本にとって急務です。それはこの章で見てきた自衛隊の実力を、いざというときにきちんと発揮させるためにぜひとも必要なことです。いかに強いといっても、現在の自衛隊の強さはアメリカと対立しないかぎりにおいて、という条件がついてしまうのです。

【常識⑯】

アメリカはいつでも自衛隊を無力化できる。解決策は武器輸出の解禁しかない。

第4章

中国はなにを狙《ねら》っているのか
——シミュレーション・尖閣《せんかく》

中国の「戦争準備」の真意とは

当たり前の話ですが、戦争とは勝てる見込みがあってはじめて仕掛けるものです。やぶれかぶれで負け戦をわざわざ仕掛ける国はありません。

ということは、「これは勝てない」という相手に戦端を開くことはありえないのです。

これまでに見てきたように、通常戦力を比べるかぎりでは中国が日本に勝てる見込みはまずないといっていいでしょう。実際、中国軍は自衛隊に勝てるとは思っていません。したがって、尖閣で中国が戦争を仕掛けてくることもまず考えられません。

もちろん、日本政府が自衛隊を使う決断をできない、と中国が判断した場合は別ですが、安倍総理が自衛隊を使って中国軍を撃退するだろうと予測されるかぎりは大丈夫です。

また、実際に中国の動きを見ても、彼らが戦う気はないことがよくわかります。

軍事力の実態というのは、なかなか表に出てくるものではありません。当然の話で、わざわざ「今日の部隊配置はこうです」などと発表する軍隊はどこにもないからです。

したがって、中国軍の動きも、基本的に表には出てこない。わけ知り顔で中国の脅威を語る人たちは、中国軍の動きを知っているわけではないのです。

では、中国軍の動きを知っているのは誰かといえば、アメリカやロシアなど各国の軍隊であり、日本で言えば自衛隊です。

特別な情報収集のシステムをもち、情報分析に必要な技術と知識をもったうえで日々、軍事情報をとっている自衛隊にしか、その実態はわからないのです。

自衛隊は中国軍の部隊の配置などは常に監視しています。平時の配置を把握したうえで、もしもなんらかの変化が出てくればすぐに「なにかやろうとしているんじゃないか」ということを察知できるわけです。

部隊の配置だけではありません。中国軍がどういう訓練をやっているか、通信に使う周波数帯はいままでと同じものを使っているのか、それとも新しい周波数帯を使っているのか、といったことを日々見張っています。

自衛隊が毎日やっている仕事のひとつは、まずは訓練をして自分たちの部隊を鍛えることです。そして、もうひとつの仕事が、周辺諸国の軍事情報を収集し、分析することなのです。

大事なことは、その自衛隊による情報収集の結果を見るかぎりでは、中国が戦争の準備をまったく開始していないことです。

たとえば尖閣諸島を取ろうというのなら、尖閣に見立てた海上施設を造るなりなんなりして実戦的な訓練をしなければいけない。けれども、そんな動きはない。戦争の準備となれば戦闘機の動きも違ってくるし、護衛艦も集結するはずです。しかし、そうした動きも中国軍には見られない。作戦用の資材は集積しているか？　通信量も急に増えるはずだが？　とチェックしてみても、やはり目立った変化はない。要するに、中国軍はなんの準備もしていないということです。

戦争は準備もなしに始められるものではありません。だから、中国は実際に戦う気はない、と言うことができるのです。

こう言うと、「2013年の1月には中国軍は臨戦態勢に入ったではないか」などと指摘する人がいます。軍の総参謀部が全軍に対して「戦争の準備をせよ」と指令した、という話です。

少し考えればわかることですが、これ自体、中国はまったく本気ではないことの証

日本の対中国貿易総額の推移

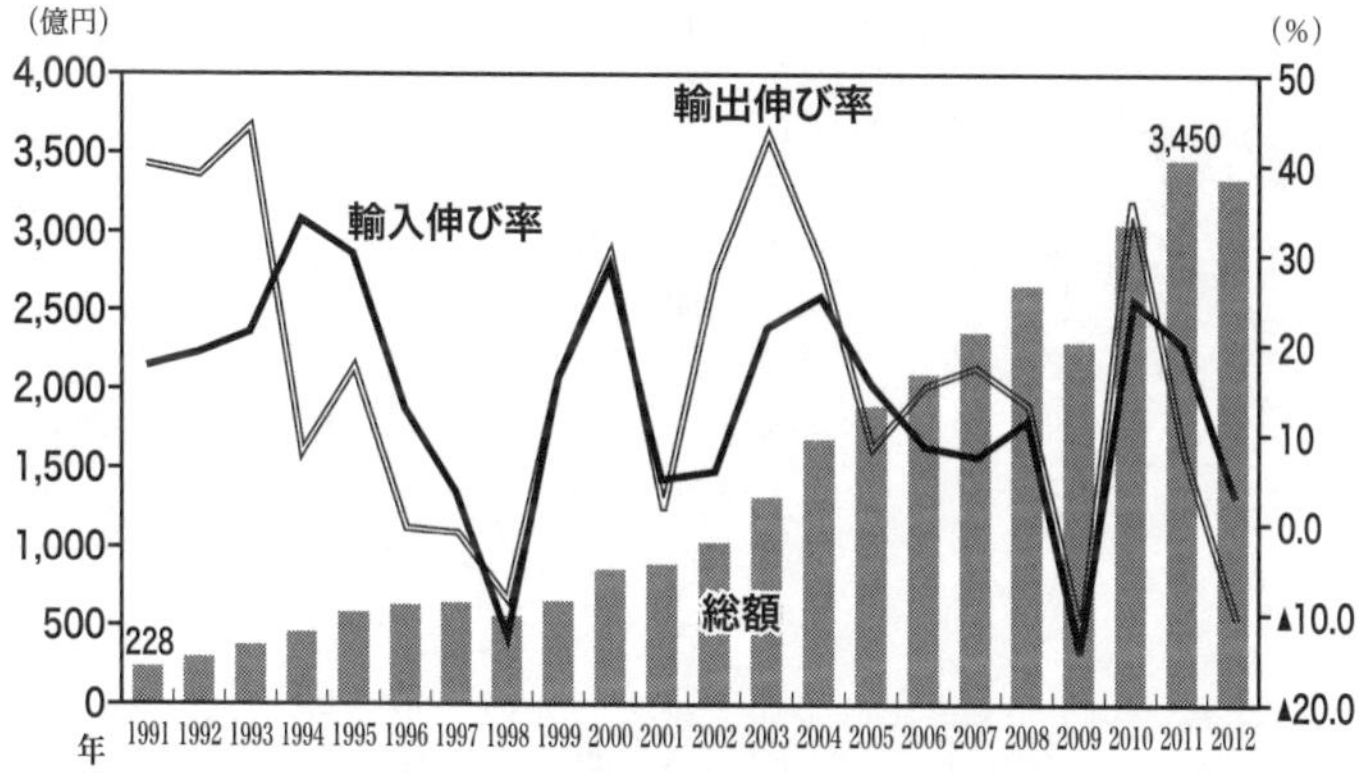

出典：「財務省貿易統計」

拠にほかならないのです。

なぜなら、戦争は奇襲攻撃が基本だからです。こちらは準備万端整えて、かつ相手はろくな準備ができていない状況で戦えば勝てる確率は高まるからです。

ということは、本気で戦おうとしているのなら、準備はできるかぎり秘密裏に進めなくてはいけない。相手に伝わるような形で全軍に指示を出すことなどありえません。

では、なぜわざわざ中国は戦争の準備を公言したのでしょうか。後で詳しく述べますが、この「戦争の準備をせよ」という指令は、あくまでも中国の情報戦の一環なのです。

そもそも中国には、日本に手出しできない大きな理由がもうひとつあります。それは、日本と戦争を始めると経済的に成り立たないという事情です。

中国経済は輸出で成り立っていて、ＧＤＰに占める輸出依存度は25％にも上ります。そして、輸出品の大半は完成品です。つまり、自動車や家電製品といったものです。一方、日本は、全輸出のうち完成品が占める割合は２割にも満たない。工作機械、計測機械、工業用の原料の金属、金型、シリコンウエハーといった完成品をつくるために必要なもの、いわゆる中間の資本財の輸出が８割以上を占めています。

ここに、日本の圧倒的な強みがあります。

中国にせよ、同じく輸出経済中心の韓国にせよ、日本から工業用の原料、部品、機械をほぼ１００％輸入して、国内で完成品をつくることによって輸出貿易が成り立っているのです。

つまり、日本と貿易をやめた途端に中国経済はやっていけなくなってしまう。だから、戦争になっては困るわけです。その意味では、日本は中国の首根っこを押さえているようなものです。

このように、軍事的に考えても、経済的に考えても、中国が日本と戦争することはできないわけです。

【常識⑰】

「戦争の準備」を宣言することは、戦う気がない証拠である。

中国軍に尖閣を攻める能力があるのか

中国はいまのところ、日本と戦争をする気はまったくない。その準備も進めていない。そのことを踏まえたうえで、では、潜在的な可能性としては、中国は日本と戦いうるのでしょうか。

これまでにも、自衛隊の実力と比較しながら、中国の戦力はけっして恐れるようなものではないことを繰り返し述べてきました。

ここでは、より具体的に、中国が狙っている尖閣を舞台にして考えてみましょう。つまり、中国は本当に尖閣を攻められるのか、ということです。

尖閣諸島で日中の戦いが始まるとすれば、まずは航空優勢の取り合いから始まるはずです。航空優勢を取らなければ、海軍の艦船が尖閣に近づくことはできず、したがって上陸することもできないからです。

そこで、まず中国は尖閣上空で航空優勢を取れるでしょうか。まず、無理でしょう。

すでに、航空自衛隊と中国空軍の実力の差については第2章で述べています。こと守るということに関するかぎり、航空自衛隊の実力は世界でもトップレベルであることも言いました。

そのことを前提にしたうえで、中国にはさらに不利な条件があります。

福建省の最前面から尖閣諸島までは、約400キロの距離があります。しかし、空軍の基地は最前面にあるわけではないので、実際には中国空軍が発進できる基地から尖閣上空までは平均して600キロの距離があります。

一方、日本側は基地がある沖縄本島から尖閣までは約400キロの距離です。加えて、圧倒的に有利なのは宮古島の隣の下地島には3000メートルの滑走路があってここから航空自衛隊が発進できること。さらに、宮古島と石垣島には2000メートルの滑走路があり、これを延ばせばやはり戦闘機の滑走路として使えます。この3つの拠点から、尖閣までは170キロしかありません。

これはなにを意味するでしょうか。

仮に、中国空軍の戦闘機が600キロ飛んできて、尖閣上空で航空自衛隊の戦闘機と5分～10分、空対空戦闘をしたとしましょう。すると、中国空軍機にはもう帰りの燃料がありません。空中戦では急激に燃料を消費するからです。

つまり、中国空軍機は、たとえ撃墜されなかったとしても、燃料切れで東シナ海に落ちてしまうのです。

ということは、中国が尖閣を攻める場合、空軍が大規模な空中給油の体制を整えるか、空母により戦闘機を前進配備する必要がある、ということになります。

果たして、中国空軍がそこまで行くのに何年かかるでしょうか。

ただでさえ、中国空軍はまだ組織だった行動をとる訓練ができていません。航空自衛隊なら当たり前のこと、たとえば航空総隊が全機一緒に作戦行動をとるというような形の訓練にまだ着手できていないのです。自衛隊が情報収集しているかぎりでは、中国空軍の訓練はまだ飛行隊単位のものでしかありません。

私たちのように現場に身を置いた者なら肌でわかることですが、全体が一緒に動いたときにどういう戦いになるか、というイメージは、繰り返し訓練しないと絶対につかめないものです。だから、中国の第4世代戦闘機が航空自衛隊を上回る400機あると言っても、その400機が同時に戦闘行動をとることができるかというと、無理だろうと判断するしかないのです。

【常識⑱】

現状の中国空軍には、尖閣で制空権を取る能力はない。

ロシアで見たスホイ27の実力

また、中国空軍の最新戦闘機であるスホイ27の実力にも疑問符がつきます。

私は2007年にロシアに行ったとき、スホイ27を実際に見ています。コクピットでは、システムがどのようになっているのか知るために電源を入れてくれと頼んだのですが、それはできないということでした。

そこで、なにも映っていないスコープを見るしかなかったのですが、そのときに感じたのはスコープの小ささです。それは、航空自衛隊のF15のスコープと比べても明らかに小さかった。率直に言って、必要なデジタルデータを全部表示するのは難しいのではないかと感じたのです。

現在の戦争は情報システムが勝敗を決するという話はこれまで何度もしてきました。自衛隊の場合は、JTIDS（統合戦術情報伝達システム、Joint Tactical Information Distribution System）というシステムで航空・海上・陸上の全部隊がつながっています。戦闘機も地上のミサイル部隊も、海上の護衛艦もすべて情報を共有している

スホイ27の性能と仕様

西側よりソ連版F15といわれたスホイ27の最大の特徴は高い機動性。全長18.9m、全幅13.6m、全高5.0m。最大速度約マッハ1.6、航続距離2960km。
スホイ27は長大な航続距離とミサイル搭載能力ももち合わせている。機内燃料のみでミサイルを10t近く搭載し、4000km近く飛行を行うことが可能である。
ミサイル搭載能力については、最大で10発が搭載可能であり、10発の場合は、中距離空対空ミサイルであるR-27を6発、赤外線誘導に中間指令誘導を組み合わせ、発射後に目標をロックして追尾するLOALの捕捉方式を備えた、オフボアサイト射撃能力を持つ短距離空対空ミサイルのR-73を4発搭載するのが標準。

わけです。

かつては、たとえば戦闘が行われている空中全体の状況は、地上のレーダーサイトや指揮所でしか把握できませんでした。それが、現在では空中全体の状況がそこで戦っている戦闘機でも把握できるし、地上のミサイル部隊でも把握できるようになっています。

常時、情報を共有しながら戦闘をしているわけですから、目で敵味方を判別していた昔の戦争のような「友軍相撃」という事態はまず起こらなくなりました。それどころか、いまは隣を飛んでいる味方の飛行機がどの目標に対してミサイルを撃とうとしてるか、といったことまでリアルタイムでわかるし、同様の情報を地上や海上の部隊も共有していることになります。

さらに、こんな芸当も可能になります。山の向こう側に味方機と敵機がいて、山のこちら側に味方機がもう1機いるとしましょう。山のこちら側、すなわち敵機から見れば山の陰に隠れている味方機は、山の向こう側にいる味方機が敵機をロックしていれば、敵機を自機のレーダーで捕まえていなくともミサイルを撃つことができる。情報をリアルタイムで共有していればこんなこともできるのです。

これが現在の空中戦なのですが、いまだに無線で「右行け」「左行け」「高度を上げろ」「下げろ」と指示するような訓練をしているのが中国空軍です。こちらから無線の電波に妨害をかければ、一発で無力化します。この点でも、中国の実力はまだまだ、ということがわかります。

さて、現代の戦争では、リアルタイムで情報を共有できることが常識になっている。ということは、戦闘機や護衛艦、ミサイル部隊といった各ユニットに対して、大量の情報が送られてくるということでもあります。

そのことを前提にすると、スホイ27のスコープはあまりにも小さすぎました。現代戦に不可欠な膨大な量の情報を、この小さなスコープに表示できるのだろうか。経験的にはどう考えても無理だろう、と私は感じたわけです。果たしてこのスコープで、どうやってＪＴＩＤＳのようなシステムを運用するのか、と疑問を感じたのです。

そこで、「情報は全部、つながっているのか」と質問してみると、「つながっている」というのが彼らの答えでした。しかし、どう考えてもこのスコープでは……と思わざるをえない。

システムの電源を入れてくれない理由はここにあるのでは、というのが私の感想だったのです。

以上は私がロシアでスホイ27を見たときの話です。

気をつけなければいけないのは、中国はロシアからスホイ27を買っているということです。

どう考えても、ロシアは中国に輸出するスホイは自国で使うスホイよりも2ランクか3ランク、ソフトウェアで能力を下げているでしょう。それは、中国と同じスホイで戦ったときに絶対負けないためにです。アメリカも、たとえばＦ15を日本に売るときには、アメリカと同じ性能のものは絶対にくれません。だから世界最高性能の兵器をもとうとすれば自分の国で開発するしかないわけです。

つまり、中国空軍のスホイ27は、ロシアで私がその能力に疑問符をつけたものよりも、さらに性能が低いはずなのです。

ちなみに、私がインド空軍の参謀長と話したときには、「インドのスホイは中国のスホイより能力が高い」という話がありました。

ロシアで「こんな話を聞いたが、本当か」と確かめると、「当然だ。中国がインドにも注意を配分しなければいけないようにすれば、全力をもってロシアに向かってこられなくなる。だからインドのほうが能力を高くしてある」という答えが返ってきました。武器の輸出というのは、このように戦略的な形でしかなされないわけです。

【常識⑲】

現代の兵器は「情報端末」でもある。この視点から見れば、実力は見破れる。

自衛隊がどうやって軍事的なプレゼンスを出すか？

このように、尖閣を中国は攻撃できるのか、と考えると、まず最初の航空優勢を取ることが、中国空軍にとっては不可能だということがわかります。中国空軍には尖閣上空まで飛んできて、そこで戦闘し、帰還するという能力が事実上ないのですから。

もちろん、だからといって油断していいということにはなりません。

現在の実力の差を前提としたうえで、中国が尖閣を狙う動きをこれ以上前進させないよう、やるべきことはあります。

すなわち、自衛隊の軍事的プレゼンスを増すことによって、中国軍を抑えるということです。

そのために具体的にするべきことは、まずは先ほども少し触れた飛行場の整備です。

宮古島と石垣島にある滑走路は、戦闘機が使うためには長さが足りません。これを3000メートルにする。おそらく、工事には2カ月もあれば充分でしょう。

宮古島と石垣島からも戦闘機が飛び立てるようになれば、自衛隊が尖閣を守るために使える飛行場が３つになり、いずれも尖閣までの距離は１７０キロほどです。尖閣から６００キロ離れた飛行場しかもっていない中国に対する優位は、さらに圧倒的なものとなります。

ここに、毎週戦闘機を展開させて、訓練をどんどんやるようにすれば、中国に対して明確に軍事的プレゼンスをアピールできます。

航空自衛隊だけでなく、海上自衛隊の護衛艦や潜水艦を周辺海域に遊弋《ゆうよく》させることも有効でしょう。別に尖閣に近づく必要はなく、遠巻きにその存在をアピールするだけでいいのです。

これに加えて、空母を保有することも有効です。空母をもつことによって、自衛隊は攻撃力を運ぶ能力をもつことになります。

相手国からすれば、攻撃力をもたない敵軍はそれほど怖くありません。いくら攻撃しても、やり返されることはない。撃退されることはあるとしても、徹底的に攻撃されることはないからです。

これが、「殴ったら殴り返されるかもしれない」という恐れがあるとなれば、そもそも攻撃すること自体を思いとどまるようになる。これが抑止です。そのための攻撃力、そのための空母というわけです。

日本は周囲が海ですから、東日本大震災のような大災害が起きた際には、被災地に空母を派遣すれば大量の被災民を一度に救助することも可能です。こうした使い道もあるわけですから、空母はぜひ保有するべきなのです。

とにかく、日本が戦って尖閣を守る、という意思をもつかぎり、中国は尖閣に手を出すことができません。安倍総理が防衛出動を下令すれば、中国軍は自衛隊には勝てないからです。

ただ、日本が手をこまねいて、「戦争が嫌だから」ということで中国の行動を阻止せず、ただ抗議するだけ、というような状態では危険です。だから日本は戦う意思を示さなければいけない。そのために、沖縄周辺における軍事的なプレゼンスを強化する必要があるのです。

【常識⑳】

軍事的プレゼンスをしっかりと見せることが、戦争を防ぐ。

竹島はなぜ、どうやって韓国が占有したのか？

戦って国を守る、という軍事的プレゼンスを明確に打ち出す。これを怠ったために、最悪の結果となってしまった前例があります。

韓国に実効支配されている竹島です。

私が自衛隊に入ったのは1971年です。この頃には、韓国が一方的に日本海に設定した軍事境界線、いわゆる「李承晩《りしょうばん》ライン」があって、竹島周辺で漁船が韓国軍に捕まったり、一部では銃撃を受けることもありました。

とはいえ、日本の領土なのですから、そこを自衛隊が守るのは当然です。航空自衛隊は、なんの制約も受けずに竹島上空を戦闘機でグルグル回っていましたし、海上自衛隊の護衛艦も普通に周辺海域に行っていました。当時は韓国空軍の力も大したことはなかったですし、海軍などは日本の海上保安庁と戦っても負けるぐらいだったのです。

「今日は竹島を見てきたよ。なかなか天気が良くてきれいだった」といった会話が、自衛隊のなかで日常的にされていた時代です。

それが、70年代の半ばを過ぎると、急に「竹島には行くな」という指示が出ました。理由は、「不測の事態が起きてはいけないから」ということでした。韓国軍と自衛隊がぶつかるようなことがあってはまずい、なんとしてもそれは避けたいという政府の方針です。

そこで、自衛隊は竹島に近づかなくなり、海上保安庁も後退しました。

その結果、韓国による竹島の実効支配は今日まで継続し、なかば既成事実化されてしまったのです。

国際法は「実績主義」ですから、ずっと実効支配していたという事実は「実績」として認められることになる。そして、この「実績」が最終的に領土問題を決着させてしまいますから、これは大変まずいことです。

こうした結果を招いたのが、「不測の事態を起こしてはいけない」という考え方だったのです。

現在でも、たとえば尖閣周辺での中国軍による火器管制レーダー照射、海上自衛隊の電子情報収集機への異常接近といった事態が起こると、日本政府はまず「不測の事態が起きないように」という対応をとります。これは極めてまずい。結局、不測の事態が起きないためには、こちらが下がるしかないからです。そうすれば、竹島と同じ結果が待っています。

必要なのは、「不測の事態は起きても仕方がない」という覚悟です。たとえ不測の事態が起きても領土を守る、という意思を示すことが抑止力になるのです。

もちろん、不測の事態というのは現場を守る海上保安官や自衛官にしてみれば命に関わる重大事態です。けれども、彼らの命を懸けて守ってくれるという行動が島を守り、国を守ることにつながるのです。

日本の政治家が恐れているのは、不測の事態がズルズルと戦争につながってしまうことでしょう。しかし、その恐れを見透かされるからこそ、中国は尖閣を狙ってくる。「不測の事態を起こしてはいけない」という考え方こそが抑止力を低下させ、日本を戦争に巻き込むのだということを知るべきです。

【常識㉑】

「不測の事態」を恐れる
思考こそが、
戦争を引き起こす。

中国が仕掛ける「情報戦」

結局、中国軍には自衛隊と戦って勝つ能力はない。さらに、日本と戦争する準備も中国はしていない。

では、中国はなにをしようとしているかというと、戦争をせずに尖閣をかすめ取ろうとしています。そのための情報戦を仕掛けている、というのが現下の中国の戦略ということになります。

戦争になればまず勝てる見込みがない。つまり、日本が自衛隊を使って中国軍を撃退すると決断したら尖閣は取れない。となると、日本政府に自衛隊を使うことを決断させることなく尖閣をかすめ取ろう、と中国は考えます。

具体的な「シナリオ」としては、たとえば中国の難民が漂流して尖閣に辿《たど》り着いて上陸する。あるいは、中国のヘリコプターが飛んでいて尖閣に不時着する、といった形でアクシデントを装って人を送り込んでくることが考えられます。

そして、難民の救出、ヘリコプターの修理といった名目で軍を送り込み、実効支配

尖閣位置図

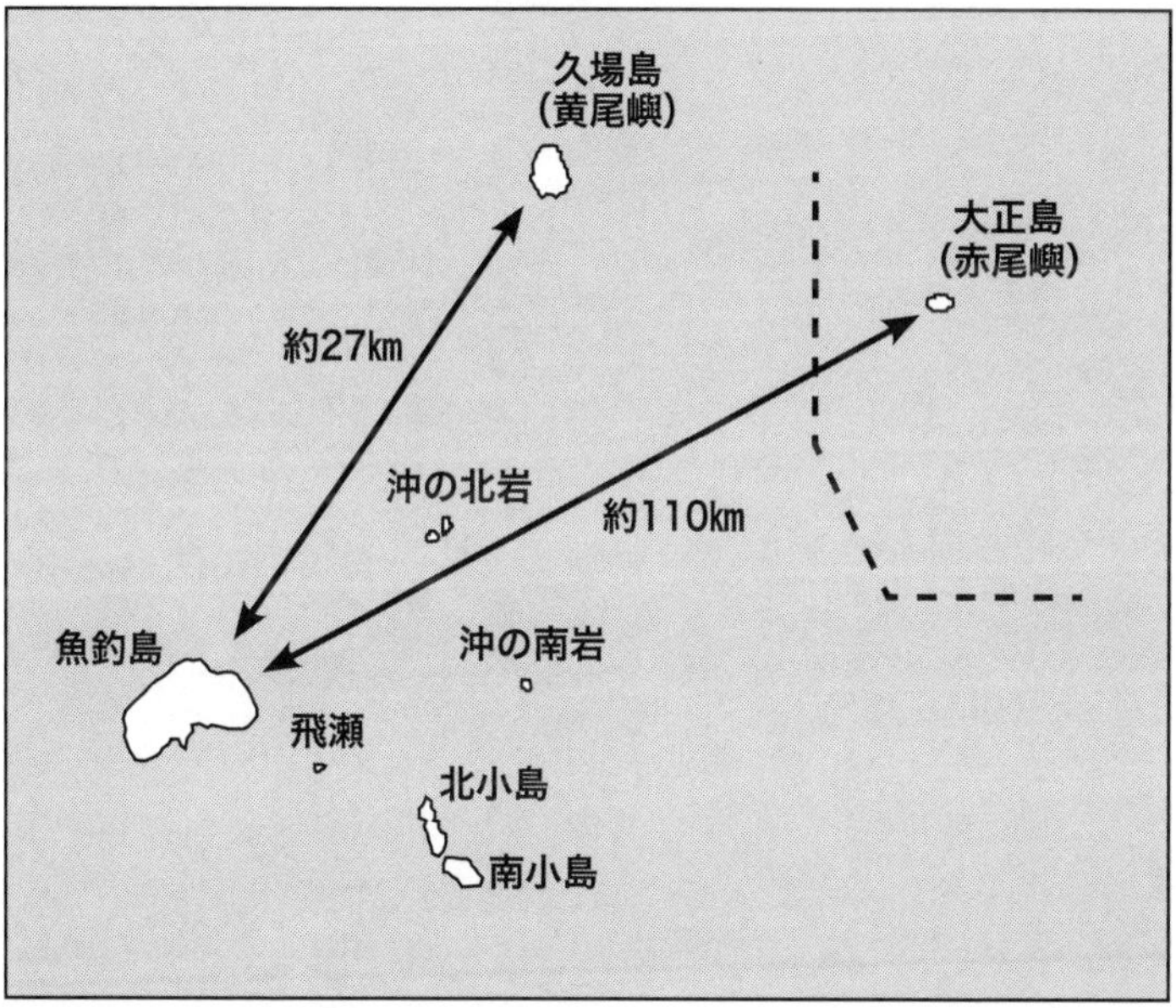

につなげていくわけです。

もちろん、中国は日本の出方を見ながら動いてくるはずです。日本が強く反発すれば引くでしょう。もしも、日本が「不測の事態」を恐れて引くようなことがあれば、どんどん増長してくるでしょう。

そこで、日本を引かせるためには情報戦によって脅し、中国軍は強いぞと印象付け、「戦争になったら大変だ」「中国にやられてしまう」と日本国民、日本政府に思わせる。そして、「戦争になるよりは中国に尖閣を取られたほうがいいのではないか」と思わせておけばいい。これが中国の狙いで、そのための情報攻勢をかけてきているのです。

したがって、スホイの新鋭機を揃えた中国空軍は航空自衛隊より強いとか、潜水艦数でも日本を上回っているとか、中国軍は戦争の準備をしているとかいったアピールはすべて戦わずして尖閣をかすめ取るための情報攻勢です。

そして、それを真に受けて「中国脅威論」を唱える、あるいは大人の対応、冷静な対応を唱える日本の評論家や政治家は、残念ですが中国との情報戦にすでに敗北しているのです。

【常識㉒】

平時でも情報戦は
行われている。
情報戦で遅れをとれば、
戦わずして
負けることもありうる。

情報戦の武器としての「防空識別圏」

2013年11月に「東シナ海上空に防空識別圏（ADIZ）を設定した」と発表したのも、こうした情報攻勢の典型例でした。

この中国の防空識別圏が、尖閣諸島の周辺上空も含んでおり、日本の防空識別圏と大きく重なっているというので、いよいよ中国は本気で日本と事を構える気だ、といった不安が広がりました。

その意味で、中国の情報戦にしてやられたわけですが、実は、そうなった背景には日本側があまりにも防空識別圏について無知だった、という事情もあります。

そもそも、防空識別圏とは自国の空軍に向けた規定です。領空侵犯されないためにはこの辺から識別しなければいけない、ということで自国の空軍に向けて言っているだけの話なのです。言ってみれば「国内法」で、それを決めたからといって外国に対し影響を与えることはできません。これが現在の国際法なのです。

すでに、スクランブル発進については詳しく説明しました。国籍不明機が現れたら、

日本と中国の防空識別図

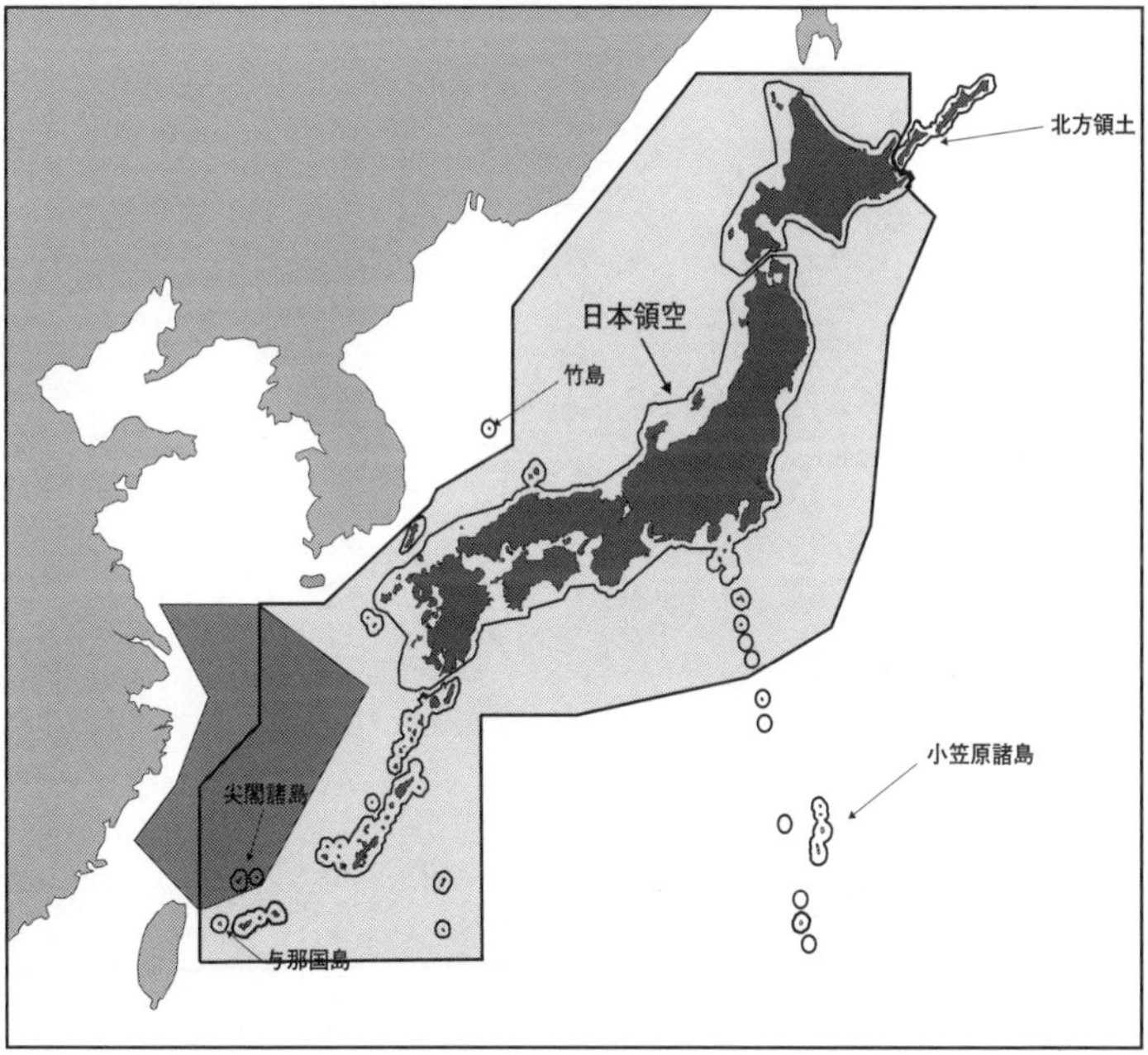

出典：平成 26 年版「防衛白書」

領空を守るためにスクランブル発進をするわけです。

領空はその国の主権がある空間ですから、ここに入ってきた国籍不明機を排除できるのは当たり前です。けれども、できれば入ってこないようにするに越したことはない。そこで、領空に近づいたらこちらから「入ってくるな」とアピールする。これがスクランブルです。

ということは、国籍不明機が領空に入ってからスクランブル発進したのでは意味がないことがわかります。また、国籍不明機が領空ギリギリまで近づいたところでやっとその存在に気づくのではスクランブルが間に合わないことも明らかです。

そこで、国籍不明機の存在をレーダーで察知する「識別」は、領空の外側にある空間で行う必要があり、かつそれなりに広がりがなくてはいけない。そこで設定されるのが防空識別圏です。このように、防空識別圏とは、自国の空軍が防空のための目安とするものなので、単純化して言えば空軍だけがわかっていればいいことです。したがって、防空識別圏自体を公表していない国もあります。

また、あくまでも自国の空軍向けのルールなのですから、領空とは違って外国に向かってなんらかの権利を主張することはできません。今回、設定した防空識別圏の管轄権を主張し、そこに入る航空機に報告を義務付けたり、行動の統制をするなどと主張している中国は言うまでもなく無茶苦茶なのです。中国は、防空識別圏をあたかも領空のように扱っているから問題なのです。

他方で、対応に追われた日本側も、どうも防空識別圏というものを誤解していたように思われます。たとえば、「中国が防空識別圏に尖閣を含むのはけしからん」という声は少なからず聞かれました。これがまず大きな誤解です。どこを防空識別圏に設定するかは、中国の勝手です。もちろん、防空識別圏は外国の領土上空でもまったく差し支えありません。

これは、ヨーロッパの国々を考えてみればすぐわかることです。陸続きで国同士が接している地域では、領空侵犯される前に飛行機を識別するためには、自国の領土の外、すなわち他国の領土上空に防空識別圏を設定するのは当然のことです。ヨーロッパ各国の防空識別圏は、他国の領空にかかっています。

ちなみに、日本と韓国と台湾では、防空識別圏はまったく重なっていません。なぜかというと、戦後の占領期にアメリカが線を引いたからです。ここは日本で識別せよ、ここは韓国で識別せよ、ここは台湾が担当、ときれいに分担を決めた。各国が勝手に決めれば当然にダブるはずの防空識別圏が、この３国では截然《せつぜん》と分かれているのはこうした理由からです。

もちろん、これはアメリカが都合のいいように決めたものです。アメリカにしてみれば、日本も韓国も台湾も同じエリアの同盟軍なので防空識別圏は重ねる必要がないわけです。この３国の防空識別圏のあり方は、特殊な事情で生まれた特殊な事例です。

独立国家が勝手に防空識別圏を設定する分には、それが相互に重なり合うのが自然なのです。ということで、中国が尖閣上空に防空識別圏を設定したこと自体は、「勝手にやってくれ」というだけの話です。騒ぐ必要もありません。

日本政府が「中国に防空識別圏を撤回させる」などと言っていましたが、それはおかしいのです。中国は勝手に国内向けの規定を設定しただけなのですから、「どうぞご自由に」と無視すればよかったのです。

ただし、防空識別圏を決めたからといって管轄権を主張したり、入ってくる飛行機は連絡せよと命じることはできません。そんな無茶な主張は認められない、ということだけをはっきりと中国に伝えれば良かったのです。

ちなみに、日本も防空識別圏を一応セットしています。一応というのは、では、防空識別圏の外側では飛行機を識別していないのかといえば、実はレーダーで見えるかぎり識別はしているのです。このように、防空識別圏というのはあくまでも実務上の目安だということです。

ついでに言うと、尖閣諸島上空まで防空識別圏を拡大した中国は、では尖閣上空を監視できているかと言えば、おそらく「ほとんど見えていない」状態でしょう。

前述のように、中国の飛行場から尖閣諸島までは６００キロも離れています。この距離ではレーダーも届きません。

話を戻しましょう。防空識別圏に「管轄権」を主張する中国は、もしかすると、そもそも防空識別圏という概念を理解していないのかもしれません。また、「尖閣上空に設定するとはけしからん」と言っている日本の政治家もわかっていないようにも見えます。もちろん、両者とも、外交交渉の戦術としてわからないふりをしている可能性はあります。

いずれにせよ、こうした無知な主張の応酬は、ヨーロッパ諸国などからすると「なんだ、日本と中国はどちらも防空識別圏さえ理解していないのか」という目で見られるおそれがあることは理解しておいたほうがいいでしょう。

本来なら公表する必要のない自国の空軍向けの規定をわざわざ公表した中国は、情報戦の武器として、よく理解してもいない防空識別圏をもちだしました。それに惑わされてはいけません。

あらためて、中国は日本と戦う力はもっていないし、戦う気もない。彼らが仕掛けているのは情報戦である、と認識することが大切です。

【常識㉓】

防空識別圏は、どこに設定しようと、その国の勝手である。

第5章

まがいものの軍事知識に騙《だま》されるな

自衛隊だけが知る真実の軍事情報

現代の戦争は高度な技術の戦いであり、防衛の現場では大量の情報が取り扱われています。しかも、それは普通に集められるような情報ではなく、特別な技術と体制があってはじめて収集・分析できる情報です。

したがって、正しい軍事情報を得られるのは、我が国では自衛隊だけであると言ってよいでしょう。自衛隊に確認しなければ本当のことはわからないし、自衛隊も簡単には教えてくれないのです。私も自衛隊を退職して6年半も経ちますので、いま現在の正確な情報をもっているわけではありませんが、他の軍事評論家などに比べれば、自衛官時代の経験から間違いの少ない判断ができると思っています。マスコミなどで報道される軍事情報は、ある一部分だけを取り上げたものが多く、全体像はわからない場合が多いように思います。

多くの「軍事専門家」と称される人たちでさえ、正しい情報に触れていないし、情報を正しく読むための経験・知識ももってはいないのです。

最近では、インターネットでさまざまな軍事知識が語られることも多くなりました。軍事に関心をもち、知識を得ようとする人が増え、そうした人たちが手軽に情報に触れることができるようになったのはいいことなのでしょう。しかし一方では、ますますいいかげんな情報、知識が広がっていることも否めません。

そこで、この章では、主にインターネットで広がっているさまざまな「軍事の常識」と称するものを取り上げ、その真偽、妥当性についてQ＆A方式で述べてみたいと思います。

Q❶「旧ソ連を仮想敵国とした日本の防衛は時代遅れ」は本当か？

「冷戦が終結して久しいのに、いまだに日本の防衛は冷戦時代のまま、旧ソ連を仮想敵国とした体制をとり続けている。これは現実に合わない、時代遅れの防衛戦略だ」といった声がよく聞かれますが、これは明確に誤りです。

こうした意見を述べる人は、おそらく、本書でも繰り返し批判してきた「中国脅威論」などを念頭に置いているのでしょう。

もしかすると、旧ソ連＝ロシアに対する備えより中国に対する備えに力を注ぐべきだ、とでも言いたいのかもしれません。

最新の『防衛白書』（平成26年版）によれば、平成25年度における航空自衛隊機によるスクランブルの回数は８１０回で、うち４１０回が中国機に対するもの、３５９回がロシア機に対するものです。スクランブル回数が８００回を超えたのは平成元年度以来、実に24年ぶりのことでした。

また、その前年、平成24年度だと、５６７回のスクランブルのうち、３０６回は中国機、２４８回はロシア機に対するものとなっています。

このデータを見ると、いよいよ「中国こそがもっとも注意しなくてはいけない仮想敵である」と思えるかもしれません。

しかし、それはあまりにも表面的な見方です。

そもそも軍事力とは、敵がいて、それに対抗するための力です。ということは、相手がなにかをやろうとしたときに、それを抑えられるようにしておかなければならない。ということは、相手がなにをできるか、その能力を知り、そのもっている力に対抗できる準備をし、防衛の体制を整えなければいけない。

これは当たり前のことですが、だとすれば、いま騒いでいる相手を主な仮想敵とするのではなく、より強い力をもっている相手をターゲットにするのが正しいのです。

これは第2章で述べたことですが、中国とロシアの軍事力は比較になりません。圧倒的にロシアのほうが強い。

だから、日本の防衛が、いまでもロシアを仮想敵としていることはなにも間違っていないのです。ロシアに対して備えることで、中国にも充分対応できるのです。いま南西諸島方面で中国が悪さを働いています。これに対しては当然適切に対応しなければいけませんが、共産主義国家ロシアに対する警戒を解いてはいけないのです。

【常識㉔】

真に警戒すべき仮想敵は、騒いでいる国ではない。力をもった国である。

Q❷「米軍あっての自衛隊。単独ではなにもできない」は本当か？

結論から言うと、嘆かわしいことですが、その通りなのです。

アメリカの友軍として動く分には自衛隊も相当な力を発揮できるけれども、アメリカと敵対的になったときには自衛隊は能力をまったく発揮できないかもしれません。これは、言うまでもなく兵器をアメリカに頼っているからです。

現代戦の帰趨《きすう》を決するのはソフトウェアで、そのコードはすべてアメリカが握っているわけですから、もしもアメリカがソフトウェアを提供してくれなくなれば、自衛隊は通信やデータ交換ができなくなる。すると、組織的な戦闘ができない。そうなれば、もはやまともに戦うことはできないわけです。残念ながら、これは事実です。

それを避けるためには、やはり主要な装備品、たとえば戦闘機やミサイルシステムは国産にしなくてはいけないのです。また外国から一方的に武器システムを輸入することは避け、輸入する場合は当該国に対し代わりのものを輸出することにより、相手国の戦力発揮をコントロールできるような形にすることが、普通の国のあり方なのです。

航空自衛隊の戦闘機のうち、F15はアメリカがつくったもの。F2はF16をベースに日米共同開発です。F4ファントムもアメリカ製です。さらに今度、後継機としてF35を開発していますが、これはアメリカを含めた9カ国共同開発になっています。実は、F35の開発自体は、アメリカにとってそれほど重要な課題ではありません。すでにあるF22を小型化すれば用は足りるからです。

では、なぜアメリカはわざわざ共同開発に参加しているのか。それは、他の参加国の技術力を掌握するためです。さらに、アメリカはシステムのソースコードをつくって、共同開発した各国にF35を使わせることができる。そうなれば、F35のソースコードを握ることによって、これらの国の戦力発揮をコントロールすることもできることになります。

2014年には、CIAがドイツのメルケル首相を盗聴していたことが問題になりました。このことからもよくわかるのは、アメリカはたとえ同盟国であろうと、徹底的な情報収集をする国です。つまり、根本的には同盟国を信用していない。このことは絶対に忘れてはいけません。

【常識㉕】

アメリカは、同盟国を信用していない。

Q❸ 「日本は独力で尖閣諸島を守れない」のか？

これはまさに、第3章、第4章にわたって論じてきたことです。日本は独力で尖閣諸島を守るだけの実力をもっている。このことはすでに明らかでしょう。ただし、だから日本は独力で尖閣諸島を守れると言い切れるかと言えば、問題がないわけではありません。それは、本気で守る気があるのかどうか、ということです。

日本と同様に、最近の中国の覇権主義によって脅かされているベトナムやフィリピンの空軍力、海軍力は、日本に比べると100分の1以下しかないと言っていいでしょう。つまり、中国の太平洋への進出を阻む能力だけなら日本は圧倒的に強い。ところが、国を守る意思となると、日本はベトナムやフィリピンに比べて100分の1以下なのではないか、と感じられる。とにかく「不測の事態」を恐れ、すぐに引いてしまうわけです。たとえ能力が100倍でも、意思が100分の1なら、かければ一緒になってしまうわけです。また、第1章で述べたように、いま話題になっている集団的自衛権以前に、個別的自衛権もろくに発揮できない体制の問題もあります。

【常識㉖】

防衛力＝能力×国を守る意思

Q❹ 自衛隊は「継戦能力」が弱点なのか？

自衛隊の問題点として、しばしば言われるのが「継戦能力」です。すなわち、組織的な戦闘を継続する能力のことで、これは要するに戦争を続けるための食料・弾薬といった物資の補給、兵器の整備などを行えるかどうか、ということです。

自衛隊には継戦能力がない、と言う人は、こうした「兵站《へいたん》」が不充分であり、自衛隊は米軍が応援に来るまでの間、もちこたえる程度の継戦能力しかない。それではダメだ、というわけです。

実は、こうした批判はまったく的はずれです。そもそもの前提が間違っているからです。

継戦能力が勝敗を決するほどの意味をもつのは、国同士が総力を挙げて、相手の国を徹底的に破壊するまで戦うような「総力戦」においてです。

ところが、現代において、もはやそのような総力戦はありえません。多大な犠牲を払ったうえに、破壊しつくされた相手国を占領したところで、得るものはあまりに少ないからです。

むしろ、尖閣諸島のように、戦略的に重要な、限定された地域を取り合うような局地的な戦いこそが現代の戦争なのです。

もちろん、抑止力という意味では、兵站もしっかりしているに越したことはありませんし、あらゆる事態に備える意味で、今後とも自衛隊の継戦能力を強化していくべきでしょう。

しかし、現代戦に備えるうえで、いわゆる継戦能力なるものがそれほど優先順位が高いものかどうかは疑問です。

まして、「継戦能力がないから自衛隊は日本を守れない」といった考え方は、間違いだと言っていいでしょう。

ちなみに、航空自衛隊は相当な数のミサイルを保有しています。中国空軍の戦闘機は２０００機ですが、仮にそれが（まずありえないことですが）全部攻めてきたところで、空自のミサイルの数はそれを軽く上回っているのです。

【常識㉗】

現代の戦争において、「継戦能力」の優先順位はさほど高くない。

Q❺「軍事力ランキング」はどこまで信用できる?

最近、「グローバル・ファイヤーパワー」なるサイトが、世界の軍事力ランキングを発表し、それによるとトップ3は米国、ロシア、中国。そして、9位の韓国に続いて、日本は10位とのことです。

日本の軍事力が韓国より下位にランクされていることもあって、ネット上ではそれなりに話題になったようですが、そもそもこうした軍事力のランキングはどこまで信用できるものなのでしょうか。

たしかに、アメリカの1位、ロシアの2位といったあたりは動かないにしても、それ以外の順位はランキングによってまちまちですし、日本の順位などはベスト5に入れられる場合もあれば、韓国よりも下位だったり、ベスト10にも入っていない場合もあったりしてかなりばらつきがあります。疑問が生じるのは当然です。

実際、こうした軍事力ランキングなるものは、非常に疑わしいものです。基本的に無意味なものだと考えるべきです。

世界の軍事力ランキング（2014年版）トップ30

順位	国	順位	国
1	アメリカ	16	カナダ
2	ロシア	17	台湾
3	中　国	18	ポーランド
4	インド	19	インドネシア
5	イギリス	20	オーストラリア
6	フランス	21	ウクライナ
7	ドイツ	22	イラン
8	トルコ	23	ベトナム
9	韓　国	24	タ　イ
10	日　本	25	サウジアラビア
11	イスラエル	26	シリア
12	イタリー	27	スイス
13	エジプト	28	スペイン
14	ブラジル	29	スウェーデン
15	パキスタン	30	チェコ

出典：グローバル・ファイヤーパワー（Global Firepower）

まず、軍事力ランキングをつくるために、どうやって軍事力を比較するのか、という問題があります。

たとえば、単純に軍事予算を比較して、「軍事予算ランキング」をつくることはできるでしょう。あるいは、ミサイルの数、戦闘機の数、戦車の数、軍艦の数といった物量を単純比較することもできるでしょう。

しかし、こうしたスタティックな軍事力を比較したところで、強さの比較にはなりえないことはもうおわかりでしょう。本書では、物量で自衛隊をはるかに上回るとされる中国軍の実態について何度も述べてきました。

では、各国の軍隊の実際の強さを比べるにはどうするのか。

たとえば、日本とイギリスで比較するとして、両国は置かれている地理的条件も違えば、周辺状況も同盟のあり方も違う。つまり、まったく違う環境で戦うわけで、戦い方はまったく異なるのに、単純に強さを比較することはできないはずです。

当然、世に出ている「軍事力ランキング」はこうした多様な条件を加味して比較しているのだ、と主張するでしょう。しかし、そうなると、どの要素をどの程度重視するか、によって答えは違ってくるはずです。

ということは、比較の基準をどう設定するかによって、どんなランキングでもつくれるということになってしまいます。

このことを踏まえると、軍事力ランキングというものはずいぶんいい加減なものであるということがわかるでしょう。

つまり、あくまでも一種の読み物、お遊びのようなものと考えておくのが正しい見方なのです。

さらに言えば、こうしたランキングのなかには、情報戦の一種として発表されるものもあるでしょう。

なんらかの意図をもって、ある国のランキングを高くしたり、低くしたりといった操作がなされるということです。

たとえば、敵対的な国の軍事力を過大評価することによって自国の軍拡を正当化したい。あるいは逆に、敵対的な国の軍事力を過小評価することによって、対抗する意思をくじきたい、といった意図を汲《く》んでランキングがつくられることはありうるでしょう。前述のように、順位は比較の基準をどのように設定するかでいかようにも変えられるのですから。

【常識㉘】

「軍事力ランキング」は
お遊びか
情報操作の一環である。

Q6 正しい軍事知識の学び方とは?

ネットをはじめ、世の中に流通している軍事情報、軍事知識はいい加減なものが多いことは、これまで繰り返し述べてきました。

そうだとすると、では、どうすれば正しい情報を手に入れられるのか。正しく軍事知識を学べるのか、が気になるところだと思います。

そのためには、自衛隊の高官を務め、退職後10年以内ぐらいの人の話を聞くことが有効であると思います。10年以上も経つと軍事情勢も大きく変化する可能性があるからです。

まず、基本的にマスコミなどで発言している「軍事評論家」はもちろん、軍事・防衛の専門家と称する政治家なども、間違った発言をしている場合が多いのです。

たとえば、森本敏《さとし》さんという方がいます。森本氏は防衛大学卒業で私より6年先輩に当たります。航空自衛隊を経て外務省に勤め、防衛大臣も経験しています。そう聞くと、一般の人は「この人は軍事についてはなんでもわかっている」と思うのも無理はありません。

しかし、森本氏は若いうちに自衛隊を辞めているので、作戦運用のことにはほとんど素人です。自衛隊では、大佐に相当する一佐ぐらいまでいかないと作戦については関わらないからです。つまり、作戦レベルのことはわからないのです。

防衛大臣を務めても、軍事の実態や作戦運用についてはまったくわからないと言っていいでしょう。大臣が進んで現場の人間に話を聞くかぎりにおいて、知りうる立場にあるというだけのことです。実際には、国会対応などで忙しく、政治的な問題になっていること以外は勉強する暇もない。つまり、防衛大臣を務めたくらいでは軍事力の実態などわかるわけがないのです。

これは、防衛問題に強い、と言われている他の政治家でも同様です。本当に「わかっている」と言えるのは、やはり自衛隊の一佐以上で作戦運用に関わっていた人間だけなのです。

そのことがよくわかったのが、東日本大震災からの復旧の過程でした。

大災害からの復旧作業は、自衛隊が敵の攻撃で被害を受けたときの「被害復旧作戦」と共通するものがあります。この視点から見ると、東日本大震災の復旧は全然な

東日本大震災当初の海自派遣部隊の概要

出典：平成 26 年版「防衛白書」

っていない。

自衛隊の被害復旧作戦においては、「応急復旧」と「本格復旧」とを分けて考えます。これは、考える部署からして違う。応急復旧を考えるのは作戦運用部。本格復旧については作戦計画部というところが考えます。作戦運用部は日々の戦闘機の配置、ミサイル部隊の配置、といった戦闘指揮を行う部署で、作戦計画部は戦争の開始から戦争の終結まで、いかなる作戦を展開し戦争に勝つか、ということを考える部署です。それぞれの役割に応じて、被害復旧においても担当を分けられているわけです。

この2つのうち、応急復旧とは、基本は「すぐに元に戻せ」ということです。被害を受けたものを元通りに戻す、という共通認識があるので、現場のそれぞれの部隊がなにをやればいいのかはすぐにわかる。元の形に戻すのなら、いちいち指示がなくても、現場の状況を見て判断し、迅速に動くことができるわけです。だからこそ、時間をかけずに被害を復旧することができるのです。

ところが、東日本大震災の復旧作業では、この応急復旧が軽視され、本来なら応急復旧の後に来るはずの本格復旧ばかりが考えられました。

「せっかく潰れたからもっといいものにしよう」とか、「被災地はエコタウンにしよう」とか「より安全な街づくりを」といったことが目指されたのです。

こんなことを考えはじめると、では具体的にどういう形にするのか、という議論が百出するのは当然です。時間はいくらでも浪費されていきます。その一方で、一刻も早く元の生活に戻してほしいという被災地の声は無視される。復旧が遅れれば遅れるほど、現地の人たちは不安になり、「もうどこかよそに行って暮らそう」ということになってしまうわけです。人がいなくなると、ますます復旧は難しくなってしまいます。

だからこそ、まずは応急復旧が大事なのです。福島県の場合は、福島で生活していた人たちが、なんらかの仕事を得て現地で暮らせる態勢をつくることが応急復旧になります。被災地の人たちを2年間国家公務員として雇用し、国家公務員として自分の家周辺の瓦礫《がれき》の片付けとかをやってくださいということにしたらよかったのではないかと思います。2年の間に自立してくださいということです。そして応急復旧の見込みが立った段階で本格復旧を考えるべきです。

実際には、菅民主党政権がやったことは、地震から1カ月以上経ってから、五百籏《いおき》頭真《べまこと》防衛大学校長を座長とした復興構想会議なるものを立ち上げ、復興構想を3カ月もかかってつくり、各都道府県に示して「この構想に合う事業には金を出します。合わない事業には金を出しません」ということでした。当然、これでは復旧事業の審査でさらに復興が遅れることになります。金は政府がなんとかするから、各県や市の計画で早急に元通りの町にせよという指示を出せばよいのです。

軍事を知るものの視点からすると、いかに政治家が非常時の対応についてわかっていないか、ということです。さらに、防衛大学校の五百籏頭氏は、世間一般の感覚で言えば、軍事に詳しいと思われている人です。それでも、実態はこんなものなのです。

結論としては、正しい軍事知識を学ぶならば、情報源は本当に軍事のことがわかっている人を選ぶこと。そして、軍事情報というものは第一次的には軍にしかわからないものですから、日本では自衛隊にしかわからない。なおかつ、自衛隊出身者であっても、若いうちに自衛隊を離れた人は作戦レベルの知見をもっていない。現場から始まって、作戦運用までを経験した人かどうか、が論者の質を見分ける基準となるでしょう。

【常識㉙】

軍事のことは軍人に聞くべし。

第6章

「戦後レジーム」の正体

日本の地政学的現実

経済の相互依存関係が強まり、情報が一瞬にして世界を駆け巡る現代においては、あからさまに武力に訴えるという手段は使いづらい。また、特に先進国においては国民を死なせることのデメリットが大きすぎるために、総力戦などありえない。繰り返し述べてきたように、こうした前提のもとに起こるのが現代の戦争です。

したがって、中国が尖閣で狙《ねら》っているのも情報戦によって日本を譲歩させることであり、正面から攻撃を仕掛けるのではなく、既成事実をつくることによって戦争をせずに尖閣を乗っ取るという戦略であるわけです。

こうした状況に対応するためには、日本ももっと上手に情報戦を戦わなければいけないし、より戦略的に世界情勢を見なければいけません。

この最終章では、その点について述べていきたいと思います。

まず、押さえておかなければいけないのは、日本の地政学的な現実です。

日本列島は、陸地面積を見ればそれほど広いわけではありません。しかし、まさに

中国から見た沖縄・太平洋に蓋をする日本

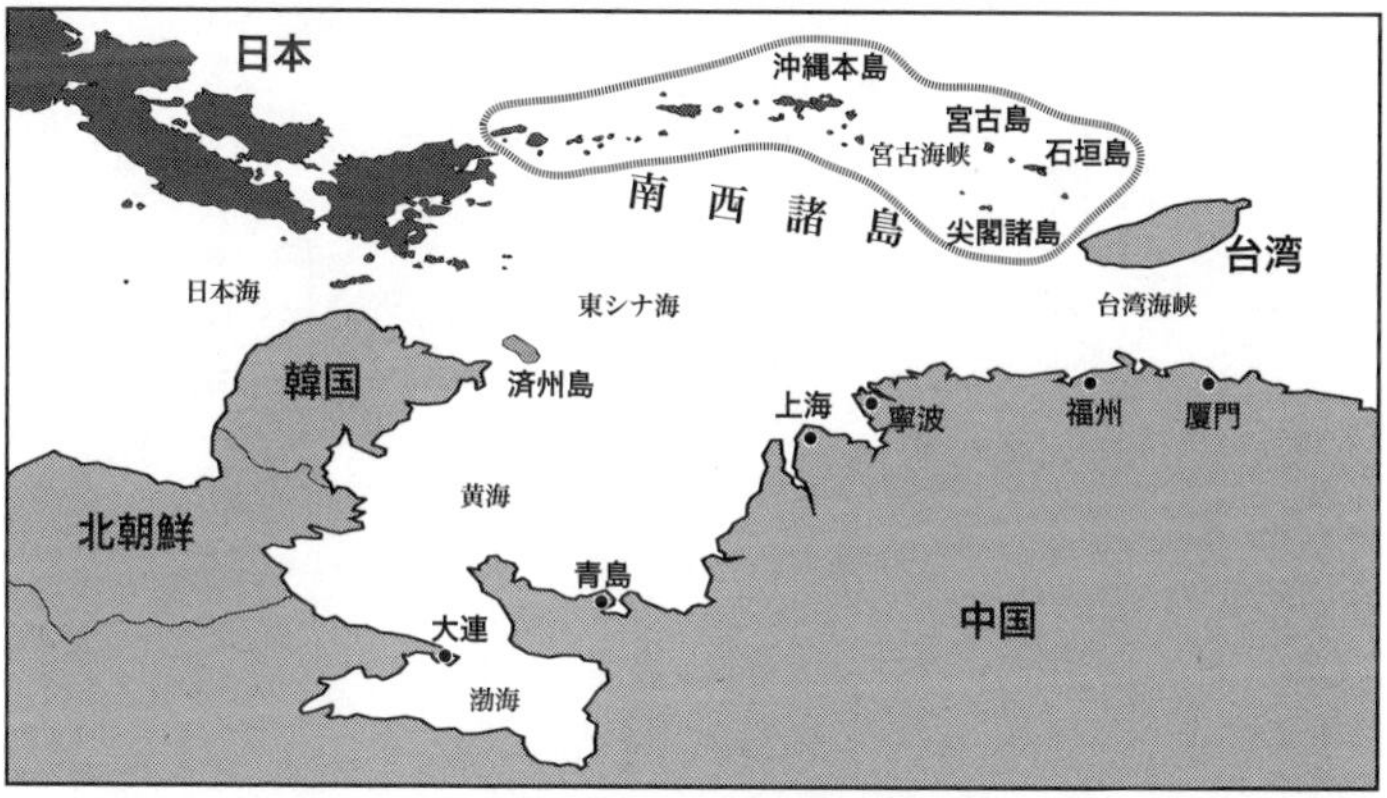

出典：『迫りくる沖縄危機』惠隆之介（幻冬舎ルネサンス新書）

列島になっていて、北海道から琉球《りゅうきゅう》列島まで、ロシアや中国が太平洋に出るのを完全に抑える格好で島が並んでいる国が日本です。

世界地図を上下ひっくり返して見れば直感的に理解できることですが、ロシアや中国から見れば、日本列島がいかに邪魔かということ。太平洋に出ていこうとするのを止める蓋《ふた》のようなものです。

このことを考えると、日本が「どっちつかず」の姿勢でいることは無理だと私は思います。つまり、ロシアや中国の言いなりになるのが嫌ならば、自分の国を自分で守るという意思、けっして自由にはさせないという意思を常に示しておくことが必要だということです。

この点、冷戦が続いている間は、日本はアメリカに守ってもらうことができました。では、なぜアメリカは日本を守ってくれたのか。もちろん日本のためではありません。アメリカはアメリカの国益のために、日本を守る必要があったのです。

要は、旧ソ連の太平洋進出を食い止めるために、地政学的に日本列島を必要としたのです。これこそが、アメリカが日本を冷戦期に守った理由です。

また、アメリカが日本の戦後復興にも協力的だった理由もここにあります。

戦後の日本で、国民生活がある程度の安定を見なければ、つまり貧しいままだと、共産主義に侵されてしまう。だからある程度、日本が経済的にも発展してくれないと困るという意図がアメリカにはあったのです。

これは、見方を変えれば、米ソ冷戦という歴史上極めてまれな構造が、日本の戦後復興を助けたということです。もちろん、日本人自身の努力はあったことは確かですが、この構造があったために努力が実を結んだといえるでしょう。

我が国はロシア・中国と対峙《たいじ》せざるをえない地政学的な状況下に置かれています。アメリカに守ってもらえたのは冷戦という、日本にとってはある意味で恵まれた構造のおかげだったのです。この2つの厳しい現実を、まずは押さえなくてはいけません。

【常識㉚】

世界地図をひっくり返して見れば、日本の置かれている現実がわかる。

アメリカは中国になにもできない

冷戦時代といえども、ソ連の軍事力は一度たりともアメリカのそれを凌駕《りょうが》したことはありません。ソ連の脅威に対処するために、アメリカは軍事力の整備を続け、また世界中に影響力を行使し、時には軍事的に介入してきたからです。

現在では、アメリカは中国の脅威をしきりに煽《あお》っていますが、アメリカと中国の現実の軍事力の差となると、すでに述べたように10対1ぐらいの大差がつきます。勝負にならないと言っていいでしょう。しかもこれは、中国が20年以上2桁のパーセント以上の軍拡を続けたにもかかわらずです。

それでもアメリカが中国の脅威をしきりに訴えるのは、これ以上軍事費を減らすわけにはいかない事情があるからです。

アメリカの軍人たちは、実は中国の脅威などまったく感じていないはずですが、彼らは財政状況の悪化による軍事費の削減に脅かされています。

アメリカでは、この10年間で軍事費を50兆円削ると言っていますが、年間5兆円といえば、陸海空3自衛隊の予算を上回る額です。それを10年続けて削る。いかに大変なことかがわかるでしょう。

アメリカは2008年のリーマンショック以降、大幅な金融緩和をやり尽くしてしまいました。これ以上の金融緩和をすると、インフレになるおそれがある。となると、結局は歳出を抑えるしかないわけです。そこで軍事費も削減せざるをえないという流れになっています。それに抗しようとすれば、中国の脅威を言い立てざるをえない。これもまた、一種の情報戦といえるでしょう。

こうした状況のなかで、アメリカはかつてのように国の外に軍事力を行使していくことは難しくなるでしょう。

もちろん、今後も海外派兵はなくなるわけではないでしょう。おそらく、軍縮を強いられる分は、アメリカ国内の備えを薄くすることによって外に出すことになるはずです。とはいえ、これまでと同じというわけにはいきません。軍を出して紛争に介入するとしても、あくまでアメリカの威信を保つために、形だけの介入になるでしょう。徹底的にやるだけの余裕はとてもないからです。

まして、相手が核武装国ともなればなおさらです。

各国の核兵器の概数

国名	戦略核弾頭数	核弾頭数合計	初核実験の年(実験名)	NPT	CTBT
NPTにおける核保有国(五大国)					
アメリカ合衆国	2,126	9,400	1945年トリニティ	批准	署名
ロシア	2,668	13,000	1949年RDS-1	批准	批准
イギリス	160	185	1952年ハリケーン	批准	批准
フランス	300	300	1960年ジェルボアーズ・ブルー	批准	批准
中　国	180	240	1964年596	批准	署名
その他の核保有国(NPT非批准国)					
インド	60	60-80	1974年インドの核実験	未	未
パキスタン	60	70-90	1998年パキスタンの核実験	未	未
北朝鮮	10以下	10以下	2006年北朝鮮の核実験	脱退	未
核保有の疑いが強い国					
イスラエル	80	80	1979年？　ヴェラ事件	未	署名

出典：ウィキペディア

ウクライナの件でも、結局、アメリカは動けませんでした。ロシアは核武装国であり、アメリカとしてもまさか戦争をするわけにはいかないからです。

これは、日本にとってなにを意味するでしょうか。

答えは明白です。今後、中国がなんらかの方法で尖閣をかすめ取ろうという動きを本格化させたとしても、アメリカはなにもできません。中国も核武装国だからです。仮に、中国が尖閣を占領するにいたったところで、アメリカにできることはせいぜい経済制裁くらいのものでしょう。

尖閣は日本が自分で守らなければ守れないということが、あらためてわかるでしょう。

幸いにして、いまはまだ中国の能力が不充分なのですから、日本はいまのうちに軍事力を整備しなくてはいけません。

それは当然のこととして、もうひとつ、ぜひ考えなければいけないのは核武装です。これは第1章でも詳しく説明したことですが、核兵器は徹底的に防御用の兵器です。核の一撃を受けて大丈夫な国などありませんし、核攻撃をすれば必ず核による反撃を受けることになるわけですから、核戦争に勝者はいないのです。だから核戦争は誰もしようとはしません。

けれども、核武装をしたがる国が多いのはなぜなのか。言うまでもなく、核武装している国が国際政治を動かしているという現実があるからです。

はっきり言えば、核武装をしていなければ国際社会のルールを決めることに参加できないのです。核武装をしていなければ国際政治を動かす一流の国にはなれません。

実際、日本はアメリカという核武装国が決めた通りにお金を出させられているだけですし、核武装国が決めた通りに国際貢献をさせられているだけなのです。

ならば、どうして日本も核武装して世界の一流国の仲間入りをしようとしないのだろうか、と私は思います。

これは、「核兵器みたいな怖いものをもってどうするんだ」という意識が日本人にあるからです。そして、その原因は「核武装は悪いことなんだ」という国際社会からの情報戦を仕掛けられているからです。

核武装が悪いことだとすれば、世界中の国はみな核兵器を廃止するはずです。しかし、被爆国である広島の原爆被爆者慰霊祭でも日本の総理が「核廃絶の先頭に立つ」とか言うのに対して、国際社会はまったく呼応しません。

そもそも、核兵器が廃絶できると本当に思っている人はいるのでしょうか。冷静に考えれば、核兵器の廃絶などできるわけがありません。核兵器がなくなり、抑止力がなくなればまた大きな戦争が始まるのですから。核兵器の存在こそが、戦争を抑止しているのです。

もっとも、いまの安倍政権のうちに「核武装する」と宣言することはできないでしょう。私のように、はじめから「核武装をするべきだ」と言っていた人が総理に選ばれるくらいにならなくては不可能だと思います。

【常識㉛】

国際社会のルールを決めているのは核武装国。一流国とは核武装国のこと。これが現実である。

「改革」という名の第二の敗戦

日本が真剣に核武装を追求するうえでは、アメリカとの関係を無視するわけにはいきません。

当然ながら、アメリカは日本が言うことを聞くようにしておきたいわけですから、核武装を歓迎するわけがないでしょう。

だから、アメリカに守ってもらっているうちはダメなのです。アメリカに守ってもらっているから、結局はアメリカの意向を尊重しなければいけない。軍事はもちろん、政治にしても経済的な面においても、アメリカの言うことを聞かざるをえない。その傾向は、冷戦終結後のこの25年ぐらいでさらにあからさまになってきています。

それは、具体的にはアメリカからつきつけられる「改革」の要求として表れました。1989〜1990年の日米構造協議、その後1994年から2008年まで毎年行われた「年次改革要望書」の交換などが典型例です。

日本政府は、こうした場でアメリカ政府からつきつけられた要求に基づいて法律を

「世界の銀行ランキング」トップ 20

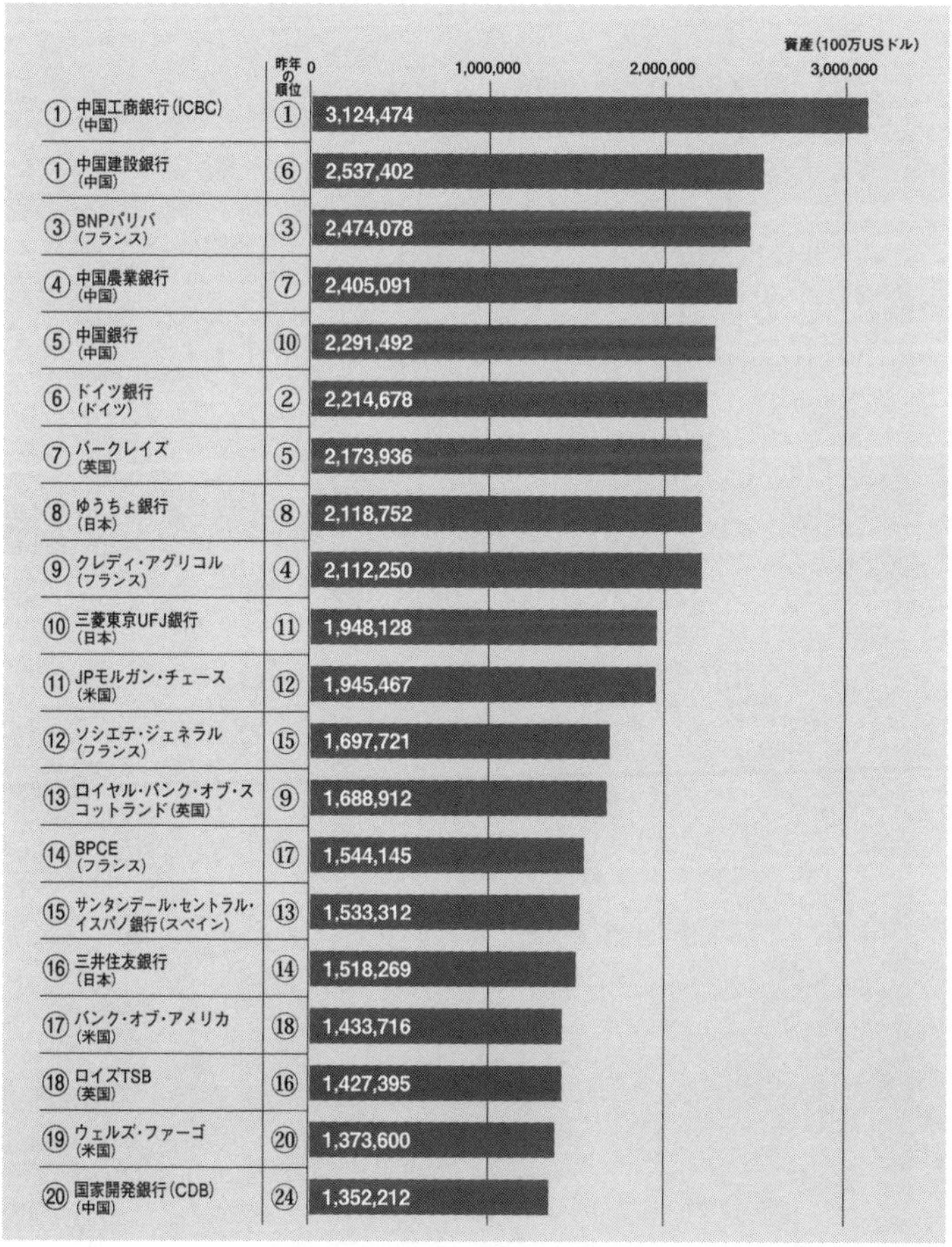

出典：各社決算資料、ACCUITY「BANK RANKINGS-TOP BANKS IN THE WORLD」

改正し、制度を変え、いわゆる「構造改革」を行ってきました。

小泉内閣時代の郵政民営化をはじめとする「改革」は、そのひとつの頂点だったと言えるでしょう。

しかし、これらの「改革」のおかげで、少しでも日本は良くなったのでしょうか。「構造改革をして日本はいいほうに変わった」と言えるものがひとつぐらいあるのでしょうか。なにもありません。結局は悪くなっているだけです。

要するに、これらの「改革」なるものは、「改革」という名の日本ぶち壊しでしかなかった。日本政府はアメリカの要求に基づいて、国の弱体化をしてきたというのがこの二十数年なのです。

みずから弱体化して、世界の経済競争に勝てるわけがありません。

たとえば、郵便局が健在だったときには世界の銀行のベストテンに日本の銀行は5つも6つも入っていました。ところが、民間銀行を圧迫している悪者とされた郵便局がなくなった今、日本の銀行の世界での存在感はさらに増すどころか、ＢＩＳ規制などの国際ルールによる縛りで押さえつけられてしまっています。

【常識㉜】

「失われた20年」とは、アメリカによる日本弱体化計画にほかならない。

中国・韓国の反日感情も、アメリカの影響という観点から見ると、また別の面が見えてきます。

アメリカの基本方針は divide and conquer

アメリカ外交の基本方針は分割統治 divide and conquer です。目の前にある国が団結して、束になってアメリカに向かってくることが一番困る。そうならないためには、国同士を仲違いさせ、喧嘩《けんか》をさせることによって、各国を個別に相手にできるようにすればよい。そうすることによって、アメリカは世界中への影響力を維持し、「帝国」であり続けることができるというわけです。

したがって、中国と日本が、韓国と日本が、あるいはロシアと日本が仲良くなり、結束してアメリカに向かってくることは絶対させないのがアメリカ外交の基本方針になります。

そこで、日本と韓国の間に慰安婦の問題があれば両者を仲違いさせられる、日本と中国の間に南京大虐殺の問題があれば両国が強い協力関係になることはない……と考えます。こうした意図のもとに、韓国や中国の反日感情を煽る材料をアメリカがばらまき、反日運動を先導している可能性は充分にあるわけです。

もっとも、こうした分割統治戦略はアメリカだけの専売特許ではありません。

たとえば北方領土問題に関しては、アメリカだけでなく、ドイツのメルケル首相も「四島一括返還を支持する」という態度をとっています。

こんなことを言われると、日本人はお人よしなので、「ドイツもアメリカも日本に味方している」と思うわけです。

しかし、アメリカのみならずドイツも、本来の狙いは日ロが接近しないように、仲良くならないようにということです。

現代の核抑止というシステムに頼るかぎり、ロシアは戦略核兵器を積んだ原子力潜水艦を活用できるようにしておかなくてはいけません。ところが、北方4島のうち北の2島、国後《くなしり》島と択捉《えとろふ》島を日本に返してしまうと、ロシアは原潜を太平洋に出入りさせるためにいまよりもさらに北の航路をとらなければいけなくなります。そうなると、冬場の凍結もあって、原潜の通行には大きな支障が生じることが避けられません。

つまり、核抑止という現代の国際社会の秩序を前提とするかぎり、ロシアは国後島と択捉島を日本に帰すわけにはいかない。そうなると、4島一括返還だと言っているいるかぎりは北方領土問題は一歩も進展せず、日本とロシアが接近することもありえない。

これこそが、アメリカやドイツが狙っている日本とロシアの分割統治です。日本の味方をするふりをしながら結局、自分が利益をえているというわけです。

お人よしな日本人の感覚からするとずいぶんと腹黒い策略のように見えるかもしれませんが、本来、外交戦略で自国、相手国とは別の国をカウンターパワーとして使うのは当たり前です。

日本が常にアメリカの言いなりになっているのも、アメリカだけを見て、すべてをアメリカに頼るからにほかなりません。たとえば戦闘機ひとつとっても、アメリカだけから買うと決めてしまっていては外交交渉力を発揮できるわけがない。いくつかの発注先の候補をもっておく、相見積もりをとるといったことはビジネスであれば当たり前のことですが、その当たり前のことができていないのです。

戦闘機はアメリカからも買うし、ヨーロッパのものも買う。もしもアメリカのサービスが悪ければ他の国に乗り換えるかもしれない。そういったオプションをもっていてはじめて、外交交渉力がえられるのです。

F35とユーロファイターの性能比較

F35	ユーロファイター

米英などで予算を共同出資した戦闘機。全長15.7m、全幅10.7m、全高4.6m、最大速度約マッハ1.6、戦闘行動半径1077km。 本機の高ステルス性能を維持するためには、ミサイルや爆弾類の機外搭載は避けて胴体内兵器倉（Weapon-bay）の中に隠し持つようにして搭載する。隠密性より兵器の搭載能力が優先される場合には、空対空ミッションでは胴体内兵器倉に左右で最大4発のミサイルを、空対地ミッションでは同じく胴体内に2,000lb JDAM 2発と中距離空対空ミサイル2発を搭載可能。空対艦ミッションでは、兵器倉には搭載できないハープーンなどの対艦ミサイルを主翼の下にぶら下げて運用。 F35ではその開発に際し、各軍からの要求に対応して、単発戦闘機としては重量級の機体となった。それにあわせエンジンも強力なプラット・アンド・ホイットニーF135を搭載。	アメリカ製の最新戦闘機F22には空戦能力の点では劣る。F22とF35の両機それぞれの得意分野である空中戦闘能力と対地攻撃能力の両方を1機種でカバーできる、フォース・ミックスの観点でも優れた戦闘機。 また、タイフーンは、対空対地両方の装備をした上で作戦中に、敵航空戦力の迎撃を受けた場合でもその状態のまま反撃を行うことが可能。 小型の機体に出力の大きなエンジンを備え、高速での格闘戦闘でも有利な性能を備える。制空仕様の場合には中／長距離空対空ミサイルを6発、短距離空対空ミサイルを2発、外部燃料タンク3つを同時に搭載できる。 空対空装備時にマッハ0.9からマッハ1.5へアフターバーナーを使用し加速する場合、所要時間はF35の2/3で済み、マッハ1.5における維持旋回率はF35の2倍。

この点、台湾の李《り》登《とう》輝《き》総統は大したものでした。中国に対する備えとしてF16を売ってくれと頼んだとき、アメリカは中国に配慮してこれを断りました。李総統はまったく動じず、「それならば」とフランスからミラージュ2000を買うと宣言し、実際に導入したのです。

驚いたのはアメリカです。あわててF16を売り込むことになり、その結果、台湾の空軍にはミラージュ2000とF16両方が配備されることになったのです。

果たして日本の政治家に、李登輝と同じことをやれる人物がいるでしょうか。

私自身は、現役のときにはアメリカ相手に少しでも交渉力をえられるように努力してきました。F35を売るという申し出をあえて断り、ヨーロッパのユーロファイターを買うと言ったのです。

ご存じの方もいるかもしれませんが、戦闘機の性能としてはF35は世界一でしょう。けれども、一番能力の高い戦闘機をいつも入れればいいというものではありません。国を守るためには、最終的には国家が自立しなければいけないからです。

ここで9カ国共同開発のアメリカの戦闘機を入れてしまったら、日本の守りはまたアメリカへの依存を深めることになる。戦闘機自体は強くなっても、日本が自立するという方向性からまったく遠ざかってしまう。それならば、多少は性能は落ちてもヨーロッパのユーロファイターを買ったほうがいい。

一定以上の備えをしているかぎり、どうせすぐに攻めてくる国はないのだから、長い目で見て国家の自立につながる道を選ぶことこそがわれわれの役目だ、と考えたのです。

【常識㉝】

外交交渉では自国、
相手国のほかに、
カウンターパワーとなる
第三国をうまく使うべし。

安倍政権の右にしっかりした柱が必要

日本の政治家は、大きく2つに分けることができます。親中派の政治家と、これに対する保守派といわれる政治家です。

しかしこの、保守派といわれる政治家の大半は、実はアメリカ従属派にほかなりません。嘆かわしいことに、日本には、日本のことを心底考える「日本派」の政治家がほとんどいないわけです。

この状況を変えるには、「日本派」の政治家が集まった政党ができ、一定の議席を占めるようにならなくてはいけないでしょう。

言ってみれば、自民党の右側にしっかりと柱を立てるような政党が必要なのです。いままさにそれを目指しているのが次世代の党ということになるでしょう。安倍総理に対し「もうちょっとちゃんとやらなければ駄目じゃないか」と叱咤《しった》激励する政党が必要なのです。

もちろん、安倍総理は頑張っているとは思います。日本を強くするために先頭を切って日本の政治構造、国際社会のなかでの日本の置かれた状況を変えようとしています。

しかし、最大の抵抗勢力として、ほかならぬ与党――自民党と公明党が立ちはだかってしまっている。安倍総理の先を行く政治家は自民党のなかにさえいないのです。野党はといえば、もちろんすべて左側です。

そのなかで、安倍総理ひとりが先頭に立ってみんなを引っ張っていく、という構図では、やはり無理があると言わざるをえません。

やはり、自民党の先を行き、いわば砕氷船のような役割を果たして、そして安倍政権が、自民党が前進しやすいように発言し、行動する政党が必要なのです。さらに言えば、それが次世代の党になるとすれば、私、田母神俊雄は次世代の党にとっての砕氷船の役割を果たすことになるでしょうか。

【常識㉞】

保守政治家はいても、「日本派」の政治家はいない。

本気で「戦後レジームからの脱却」を目指すために

安倍首相といえば、その就任以前から、「戦後レジームからの脱却」を旗印に掲げています。

本書でこれまで述べてきたような対米従属の政治、経済、そして国防。中国や韓国などとの間で問題となっている歴史認識。こうしたさまざまな面で、戦後の日本が強いられてきた不本意な構造を脱却したい。安倍首相が目指しているものはなんとなくイメージできるとしても、現状で果たしてそんなことが可能なのか。本書で私が指摘した現実を前にすると、そんな疑問も湧《わ》いてくるかもしれません。

本気で戦後レジームから脱却しようとするのならば、なによりも大切なのは、首相になる人の覚悟です。覚悟があれば、状況は変わる。必ず変わると私は考えています。

結局、日本がここまで弱体化してしまったのは、国のあり方を自分で決められなくなってしまったのは、要するにいままでのリーダーがダメだったからです。

どうダメかと言えば、自分がトラブルに巻き込まれないことを最優先していたということです。国のため、国民のためではなく、自分の身を危険に晒したくないためにやるべきことをせず、やってはいけないことをやってしまう。「不測の事態」を恐れて、防衛のために必要な断固たる態度をとれない。防衛をアメリカに依存している現状を追認してしまう。さらには、現状をなんとか変えようとする真摯《しんし》な意見を封殺してしまうのです。

私は、いまのままでは日本はダメになると思ったからこそ、2008年に論文「日本は侵略国家であったのか」を世に問いました。

本来であれば、日本をなんとか救いたいという衷心から出た意見であれば、それが自分の考えと合うかどうかにかかわらず、「日本のことを考えて、よく言ってくれた」と評価するのがリーダーの役割であるはずです。

ところが、実際には、総理以下、政治のトップにいる人々は、自分の身の安全しか考えていなかった。「俺が大臣でいる間は問題を起こすな」というのが彼らの本音だった。それが、いわゆる「田母神論文問題」だったわけです。

この論文で、私が踏み込んだ歴史認識の問題は、日本以外の国では、当たり前のことですが過去の問題です。しかし、日本だけは違います。現在進行形の問題なのです。

歴史認識の誤りが現在の日本政府の政策を縛り、尖閣を狙う中国に断固たる態度をとることを阻み、アメリカに歯向かうことを難しくしているのですから。

戦争で勝敗が決着すると、戦後秩序をつくるのは当然ながら戦勝国です。いまなお日本の手足をしばる歴史認識問題をはじめとして、この秩序をつくったのは大東亜《だいとうあ》戦争で勝ったアメリカです。この、日本が負けたことによってつくられた秩序が戦後レジームにほかならない。これを変えるには、繰り返しますがリーダーの覚悟と意思しかありません。その意思が薄弱であるところが問題なのです。

【常識㉟】

自分を守ることを第一に考えるリーダーでは、国を守ることはできない。

【参考資料】

日本は侵略国家であったのか

田母神　俊雄（防衛省航空幕僚長　空将）

アメリカ合衆国軍隊は日米安全保障条約により日本国内に駐留している。これをアメリカによる日本侵略とは言わない。2国間で合意された条約に基づいているからである。我が国は戦前中国大陸や朝鮮半島を侵略したと言われるが、実は日本軍のこれらの国に対する駐留も条約に基づいたものであることは意外に知られていない。日本は19世紀の後半以降、朝鮮半島や中国大陸に軍を進めることになるが相手国の了承を得ないで一方的に軍を進めたことはない。現在の中国政府から「日本の侵略」を執拗《しつよう》に追及されるが、我が国は日清《にっしん》戦争、日露《にちろ》戦争などによって国際法上合法的に中国大陸に権益を得て、これを守るために条約等に基づいて軍を配置したのである。これに対し、圧力をかけて条約を無理矢理締結させたのだから条約そのものが無効だという人もいるが、昔も今も多少の圧力を伴わない条約など存在したことがない。

この日本軍に対し蔣介石《しょうかいせき》国民党は頻繁にテロ行為を繰り返す。邦人に対する大規模な暴行、惨殺事件も繰り返し発生する。これは現在日本に存在する米軍の横田基地や横須賀基地などに自衛隊が攻撃を仕掛け、米国軍人およびその家族などを暴行、惨殺するようなものであり、とても許容できるものではない。これに対し日本政府は辛抱強く和平を追求するが、その都度蔣介石に裏切られるのである。実は蔣介石はコミンテルンに動かされていた。1936年の第2次国共合作によりコミンテルンの手先である毛沢東共産党のゲリラが国民党内に多数入り込んでいた。コミンテルンの目的は日本軍と国民党を戦わせ、両者を疲弊させ、最終的に毛沢東共産党に中国大陸を支配させることであった。我が国は国民党の度重なる挑発についに我慢しきれなくなって1937年8月15日、日本の近衛文麿内閣は「支那軍の暴戻《ぼうれい》を膺懲《ようちょう》し以《も》って南京政府の反省を促す為、今や断乎たる措置をとる」という声明を発表した。我が国は蔣介石により日中戦争に引きずり込まれた被害者なのである。

1928年の張作霖《ちょうさくりん》列車爆破事件も関東軍の仕業であると長い間言われてきたが、

近年ではソ連情報機関の資料が発掘され、少なくとも日本軍がやったとは断定できなくなった。『マオ（誰も知らなかった毛沢東）』（ユン・チアン、講談社）、『黄文雄の大東亜戦争肯定論』（黄文雄、ワック出版）および『日本よ、「歴史力」を磨け』（櫻井よしこ編、文藝春秋）などによると、最近ではコミンテルンの仕業という説が極めて有力になってきている。日中戦争の開始直前の1937年7月7日の盧溝橋《ろこうきょう》事件についても、これまで日本の中国侵略の証みたいに言われてきた。しかし今では、東京裁判の最中に中国共産党の劉少奇《りゅうしょうき》が西側の記者との記者会見で「盧溝橋の仕掛け人は中国共産党で、現地指揮官はこの俺だった」と証言していたことがわかっている（『大東亜解放戦争』岩間弘、創栄出版）。もし日本が侵略国家であったというのならば、当時の列強といわれる国で侵略国家でなかった国はどこかと問いたい。よその国がやったから日本もやっていいということにはならないが、日本だけが侵略国家だといわれる筋合いもない。

我が国は満州も朝鮮半島も台湾も日本本土と同じように開発しようとした。当時列強といわれる国の中で植民地の内地化を図ろうとした国は日本のみである。我が国は他国との比較で言えば極めて穏健な植民地統治をしたのである。満州帝国は、成立当初の1932年1月には3000万人の人口であったが、毎年100万人以上も人口が増え続け、1945年の終戦時には5000万人に増加していたのである。満州の人口は何故爆発的に増えたのか。それは満州が豊かで治安が良かったからである。侵略といわれるような行為が行われるところに人が集まるわけがない。農業以外にほとんど産業がなかった満州の荒野は、わずか15年の間に日本政府によって活力ある工業国家に生まれ変わった。朝鮮半島も日本統治下の35年間で1300万人の人口が2500万人と約2倍に増えている（『朝鮮総督府統計年鑑』）。日本統治下の朝鮮も豊かで治安が良かった証拠である。戦後の日本においては、満州や朝鮮半島の平和な暮らしが、日本軍によって破壊されたかのように言われている。しかし実際には日本政府と日本軍の努力によって、現地の人々はそれまでの圧政から解放され、また生活水準も格段に向上したのである。

我が国は満州や朝鮮半島や台湾に学校を多く造り現地人の教育に力を入れた。道路、発電所、水道など生活のインフラも数多く残している。また1924年には朝鮮に京城帝国大学、1928年には台湾に台北帝国大学を設立した。日本政府は明治維新以降9つの帝国大学を設立したが、京城帝国大学は6番目、台北帝国大学は7番目に造られた。その後8番目が1931年の大阪帝国大学、9番目が1939年の名古屋帝国大学という順である。なんと日本政府は大阪や名古屋よりも先に朝鮮や台湾に帝国大学を造っているのだ。また日本政府は朝鮮人も中国人も陸軍士官学校への入校を認めた。戦後マニラの軍事裁判で死刑になった朝鮮出身の洪思翊《ホンサイク》という陸軍中将がいる。この人は陸軍士官学校26期生で、硫黄島で勇名をはせた栗林忠道中将と同期生である。朝鮮名のままで帝国陸軍の中将に栄進した人である。またその1期後輩には金錫源《キンソグオン》大佐がいる。日中戦争のとき、中国で大隊長であった。日本兵約1000名を率いて何百年も虐められ続けた元宗主国の中国軍を蹴散《けち》らした。その軍功著しいことにより天皇陛下の金鵄《きんし》勲章を頂いている。もちろん創氏改名などしていない。中国では蔣介石も日本の陸軍士官学校を卒業し新潟の高田の連隊で隊付き教育を受けている。1期後輩で蔣介石の参謀で何応欽《カオウキン》もいる。

李王朝の最後の殿下である李垠《イウン》殿下も陸軍士官学校の29期の卒業生である。李垠殿下は日本に対する人質のような形で10歳のときに日本に来られることになった。しかし日本政府は殿下を王族として丁重に遇し、殿下は学習院で学んだあと陸軍士官学校をご卒業になった。陸軍では陸軍中将に栄進されご活躍された。この李垠殿下のお妃《きさき》となられたのが日本の梨本宮方子《なしもとのみやまさこ》妃殿下である。この方は昭和天皇のお妃候補であった高貴なお方である。もし日本政府が李王朝を潰《つぶ》すつもりならこのような高貴な方を李垠殿下のもとに嫁がせることはなかったであろう。ちなみに宮内省はお2人のために1930年に新居を建設した。現在の赤坂プリンスホテル別館である。また清朝最後の皇帝また満州帝国皇帝であった溥儀《フギ》殿下の弟君である溥傑《フケツ》殿下のもとに嫁がれたのは、日本の華族嵯峨《さが》家の嵯峨浩《ひろ》妃殿下である。

これを当時の列強といわれる国々との比較で考えてみると日本の満州や朝鮮や台湾に対する思い入れは、列強の植民地統治とはまったく違っていることに気がつくであろう。イギリスがインドを占領したがインド人のために教育を与えることはなかった。インド人をイギリスの士官学校に入れることもなかった。もちろんイギリスの王室からインドに嫁がせることなど考えられない。これはオランダ、フランス、アメリカなどの国々でも同じことである。一方日本は第2次大戦前から五族協和を唱え、大和、朝鮮、漢、満州、蒙古《モンゴル》の各民族が入り交じって仲良く暮らすことを夢に描いていた。人種差別が当然と考えられていた当時にあって画期的なことである。第1次大戦後のパリ講和会議において、日本が人種差別撤廃を条約に書き込むことを主張した際、イギリスやアメリカから一笑に付されたのである。現在の世界を見れば当時日本が主張していた通りの世界になっている。

時間は遡《さかのぼ》るが、清国は1900年の義和団事件の事後処理を迫られ1901年に我が国を含む11カ国との間で義和団最終議定書を締結した。その結果として我が国は清国に駐兵権を獲得し当初2600名の兵を置いた（『盧溝橋事件の研究』秦郁彦、東京大学出版会）。また1915年には袁世凱《えんせいがい》政府との4カ月にわたる交渉の末、中国の言い分も入れて、いわゆる対華21箇条の要求について合意した。これを日本の中国侵略の始まりとか言う人がいるが、この要求が、列強の植民地支配が一般的な当時の国際常識に照らして、それほどおかしなものとは思わない。中国も一度は完全に承諾し批准した。しかし4年後の1919年、パリ講和会議に列席を許された中国が、アメリカの後押しで対華21箇条の要求に対する不満を述べることになる。それでもイギリスやフランスなどは日本の言い分を支持してくれたのである（『日本史から見た日本人・昭和編』渡部昇一、祥伝社）。また我が国は蒋介石国民党との間でも合意を得ずして軍を進めたことはない。常に中国側の承認の下に軍を進めている。1901年から置かれることになった北京の日本軍は、36年後の盧溝橋事件の時でさえ5600名にしかなっていない（『盧溝橋事件の研究』秦郁彦、東京大学出版会）。このとき北京周辺には数十万の国民党軍が展開しており、形の上でも侵略にはほど遠い。幣原《しではら》喜《き》重郎《じゅうろう》外務大臣に象徴される対中宥和《ゆうわ》外交こそが我が国の基本方針であり、それは今も昔も変わらない。

さて日本が中国大陸や朝鮮半島を侵略したために、ついに日米戦争に突入し300万人もの犠牲者を出して敗戦を迎えることになった、日本は取り返しのつかない過ちを犯したと言う人がいる。しかしこれもいままでは、日本を戦争に引きずり込むために、アメリカによって慎重に仕掛けられた罠《わな》であったことが判明している。実はアメリカもコミンテルンに動かされていた。ヴェノナファイルというアメリカの公式文書がある。米国国家安全保障局（NSA）のホームページに載っている。膨大な文書であるが、『月刊正論』平成18年5月号に青山学院大学の福井助教授（当時）が内容をかいつまんで紹介してくれている。ヴェノナファイルとは、コミンテルンとアメリカにいたエージェントとの交信記録をまとめたものである。アメリカは1940年から1948年までの8年間これをモニターしていた。当時ソ連は1回限りの暗号書を使用していたためアメリカはこれを解読できなかった。そこでアメリカは、日米戦争の最中である1943年から解読作業を開始した。そしてなんと37年もかかって、レーガン政権が出来る直前の1980年に至って解読作業を終えたというから驚きである。しかし当時は冷戦の真っ只中《まっただなか》であったためにアメリカはこれを機密文書とした。その後冷戦が終了し1995年に機密が解除され一般に公開されることになった。これによれば1933年に生まれたアメリカのフランクリン・ルーズベルト政権のなかには300万人のコミンテルンのスパイがいたという。そのなかで昇りつめたのは財務省ナンバー2の財務次官ハリー・ホワイトであった。ハリー・ホワイトは日本に対する最後通牒《つうちょう》ハル・ノートを書いた張本人であると言われている。彼はルーズベルト大統領の親友であるモーゲンソー財務長官を通じてルーズベルト大統領を動かし、我が国を日米戦争に追い込んでいく。当時ルーズベルトは共産主義の恐ろしさを認識していなかった。彼はハリー・ホワイトらを通じてコミンテルンの工作を受け、戦闘機100機からなるフライングタイガーズを派遣するなど、日本と戦う蔣介石を、陰で強力に支援していた。真珠湾攻撃に先立つ1カ月半も前から中国大陸においてアメリカは日本に対し、隠密に航空攻撃を開始していたのである。

ルーズベルトは戦争をしないという公約で大統領になったため、日米戦争を開始するにはどうしても見かけ上日本に第一撃を引かせる必要があった。日本はルーズベルトの仕掛けた罠にはまり真珠湾攻撃を決行することになる。さて日米戦争は避けることができたのだろうか。日本がアメリカの要求するハル・ノートを受け入れれば一時的にせよ日米戦争を避けることはできたかもしれない。しかし一時的に戦争を避けることができたとしても、当時の弱肉強食の国際情勢を考えれば、アメリカから第2、第3の要求が出てきたであろうことは容易に想像がつく。結果として現在に生きる私たちは白人国家の植民地である日本で生活していた可能性が大である。文明の利器である自動車や洗濯機やパソコンなどは放っておけばいつかは誰かが造る。しかし人類の歴史のなかで支配、被支配の関係は戦争によってのみ解決されてきた。強者が自ら譲歩することなどありえない。戦わない者は支配されることに甘んじなければならない。

さて大東亜戦争の後、多くのアジア、アフリカ諸国が白人国家の支配から解放されることになった。人種平等の世界が到来し国家間の問題も話し合いによって解決されるようになった。それは日露戦争、そして大東亜戦争を戦った日本の力によるものである。もし日本があのとき大東亜戦争を戦わなければ、現在のような人種平等の世界が来るのがあと100年、200年遅れていたかもしれない。そういう意味で私たちは日本の国のために戦った先人、そして国のために尊い命を捧《ささ》げた英霊に対し感謝しなければならない。そのお陰で今日私たちは平和で豊かな生活を営むことができるのだ。

一方で大東亜戦争を「あの愚劣な戦争」などと言う人がいる。戦争などしなくても今日の平和で豊かな社会が実現できたと思っているのであろう。当時の我が国の指導者はみんな馬鹿だったと言わんばかりである。やらなくてもいい戦争をやって多くの日本国民の命を奪った。亡くなった人はみんな犬死にだったと言っているようなものである。しかし人類の歴史を振り返れば事はそう簡単ではないことがわかる。現在においてさえ一度決定された国際関係を覆すことは極めて困難である。日米安保条約に基づきアメリカは日本の首都圏にも立派な基地を保有している。これを日本が返してくれと言ってもそう簡単には返ってこない。ロシアとの関係でも北方4島は60年以上不法に占拠されたままである。竹島も韓国の実効支配が続いている。

東京裁判はあの戦争の責任をすべて日本に押し付けようとしたものである。そしてそのマインドコントロールは戦後63年を経てもなお日本人を惑わせている。日本の軍は強くなると必ず暴走し他国を侵略する、だから自衛隊はできるだけ動きにくいようにしておこうというものである。自衛隊は領域の警備もできない、集団的自衛権も行使できない、武器の使用も極めて制約が多い、また攻撃的兵器の保有も禁止されている。諸外国の軍と比べれば自衛隊は雁字搦《がんじがら》めで身動きできないようになっている。このマインドコントロールから解放されない限り我が国を自らの力で守る体制がいつになっても完成しない。アメリカに守ってもらうしかない。アメリカに守ってもらえば日本のアメリカ化が加速する。日本の経済も、金融も、商慣行も、雇用も、司法もアメリカのシステムに近づいていく。改革のオンパレードで我が国の伝統文化が壊されていく。日本ではいま文化大革命が進行中なのではないか。日本国民は20年前といまとではどちらが心安らかに暮らしているのだろうか。日本は良い国に向かっているのだろうか。私は日米同盟を否定しているわけではない。アジア地域の安定のためには良好な日米関係が必須である。ただし日米関係は必要なときに助け合う良好な親子関係のようなものであることが望ましい。子供がいつまでも親に頼りきっているような関係は改善の必要があると思っている。

自分の国を自分で守る体制を整えることは、我が国に対する侵略を未然に抑止するとともに外交交渉の後ろ盾になる。諸外国では、ごく普通に理解されていることが我が国においては国民に理解が行き届かない。いまなお大東亜戦争で我が国の侵略がアジア諸国に耐えがたい苦しみを与えたと思っている人が多い。しかし私たちは多くのアジア諸国が大東亜戦争を肯定的に評価していることを認識しておく必要がある。タイで、ビルマで、インドで、シンガポールで、インドネシアで、大東亜戦争を戦った日本の評価は高いのだ。そして日本軍に直接接していた人たちの多くは日本軍に高い評価を与え、日本軍を直接見ていない人たちが日本軍の残虐行為を吹聴している場合が多いことも知っておかなければならない。日本軍の軍紀が他国に比較して如何《いか》に厳正であったか多くの外国人の証言もある。我が国が侵略国家だったなどというのはまさに濡《ぬ》れ衣《ぎぬ》である。

日本というのは古い歴史と優れた伝統を持つ素晴らしい国なのだ。私たちは日本人として我が国の歴史について誇りを持たなければならない。人は特別な思想を注入されないかぎりは自分の生まれた故郷や自分の生まれた国を自然に愛するものである。日本の場合は歴史的事実を丹念に見ていくだけでこの国が実施してきたことが素晴らしいことであることがわかる。嘘《うそ》や捏造《ねつぞう》はまったく必要がない。個別事象に目を向ければ悪行と言われるものもあるだろう。それは現在の先進国のなかでも暴行や殺人が起こるのと同じことである。私たちは輝かしい日本の歴史を取り戻さなければならない。歴史を抹殺された国家は衰退の一途を辿《たど》るのみである。

あとがき

ちょうど、このあとがきを執筆している現在、安倍晋三首相は訪米し、日本の首相としてはじめて、米議会の上下両院合同会議で演説を行うなど、日米関係を新たな局面に導くために動いています。

安倍首相の現在とっている戦略を、私は「なかなかうまくやっている」と評価しています。

首相の本音は、日本が独立国になることのはずです。

日本は、アメリカの意向で右往左往するような国であってはいけない。だが、いまの日本は残念ながらアメリカに守ってもらっている現状であり、アメリカの意向がどうしても気になる。国家政策を決めるにあたっても、アメリカが賛成してくれるかどうかが政治家のもっとも重大な関心事項になっている。国民もそれに流されてしまう。これは独立国としておかしいことである。安倍首相は、本当はそう言いたいのです。

実際、この2月に、日本はアメリカ国債の保有額で中国を抜き、再び世界一のアメリカに対する債権国になりました。

債権といっても、日本はアメリカ国債を買い増しすることはできても、決して売ることはできません。そんなことをすればアメリカに怒られるからです。

つまり、実際は日本国民の金をアメリカにやっているということ。もちろんそれは、アメリカに守ってもらっている代償です。

自分の国は自分で守らないと長期的に損をするのです。

しかも、いざとなったらアメリカが日本を命懸けで守ってくれるかといえば、それは極めて確率が低いのです。日米安保は日本に対する侵略を抑止するためのものではあるが、万が一抑止が破綻《はたん》した場合に機能する確率は極めてゼロに近いと私は思っています。

現にアメリカは、それまで国連の常任理事国としてパートナーシップを築いていた中華民国（台湾）を、1971年に国連から切り捨てています。核武装した中華人民共和国がソ連と一体となってアメリカに向かってくることを恐れ、中共の取り込みを図ったのです。国際社会とは徹底して腹黒なものだということがわかります。アメリカが日本を守ってくれるというのは幻想にすぎません。

とはいえ、正面から日本の独立を唱え、アメリカとぶつかると日本の政治家は必ず潰《つぶ》されるというのは歴史が証明しているところです。だから反米になることはできない。

安倍首相が本音を語ったら、アメリカに潰されるでしょう。

その点、一評論家である私は自由にものを言うことができる。言ってみれば、総理の代弁をしているようなものです。

こうした事情もあって、現在の安倍首相が目指していることは、世界の常識からみればごく穏健なことばかりです。

世界の一般的な認識では、軍は国民を守るものです。国民を守るためには、軍がいつでも効果的に行動できるように法体制を整えておく。アメリカでもフランスでもドイツでもその点は同じです。そこで、具体的には大統領や総理の決心で軍はいつでも出せるようになっている。もちろん、事後に一定の時間が経過したら議会の承認が必要、といった形できちんとブレーキをかけたうえで、です。

ところが、日本だけが自衛隊の行動はとにかく制約してがんじがらめにしておこう、法律に列挙されたことだけしかできないようにしようとして、効果的な運用を妨げている。本書のなかで述べたポジティブリスト、ネガティブリストの問題です。

非常時には軍を首相の判断で動かせるようにする、という安倍首相の考えは、ごく当たり前のことにすぎない。なにかと話題になる集団的自衛権にしても、よその国と同じようにしようとしているだけの話なのです。

他の国が当たり前にやっていることができないのでは、紛争地帯の治安維持などに外国の軍隊と共同であたるうえでも大きな障害が生じます。日本以外の国は国際法で動こうとするのに、日本だけは国内法にしたがって決められたことしかできないのでは、効果的に動けないし、尊敬を得られるわけがない。「あれだけの豊かな生活をしながら、他の国と同じことをやらないのはおかしいのではないか」と国際社会から見られてしまいます。

一方、国際社会は腹黒いものですから、どの国も「国際協力」を唱えながら、できれば「きれいな仕事」をしたいと本音では思っています。だから、どの国もイラクにせよ、アフガンにせよ、紛争地帯に真っ先に出て行って一番きれいな仕事を取る。これに対して、日本のように国内の意見調整に手間どっていると、最後に紛争地帯に乗り込んでいく頃にはどこの国もやりたくない困難な仕事しか残っていない、ということもあるわけです。

安倍首相は、こうしたことをわかったうえで、アメリカを刺激しないように万全の配慮をしながら、オバマ大統領と話しているのです。

とはいえ、安倍首相がいかにがんばっても、現在の日本の政治体制では、憲法改正を含めた根本的な変化は難しいでしょう。自民党のなかにも左派がおり、与党内野党として公明党がいて、なおかつ公明党を取り込んでおかなくては自民党が選挙で勝てないのが現状だからです。

そのなかで、私も選挙を通じて主張を伝えてはいますが、なかなか国民は支持を拡大してくれないという現実もあります。

要するに、国民の多くは日本の現在のあり方に疑問をもってはいても、

「まあいいんじゃないか、そんなことは」

と感じているのでしょう。

これは致し方ない面もあります。国民一人ひとりは来月どうやって飯を食うかを考えるので精いっぱいなのですから、国の未来までは考えることができなくても無理は

ない。

だからこそ、政治家が考えなくてはいけないのですが、政治家からして半分くらいがGHQの押し付けた自虐史観に染まっているのではしょうがありません。

私は、戦後の日本で「他人に迷惑をかけてはいけない」という道徳教育、そしてリーダー教育が失われたことが問題だと考えています。

リーダーには、自分の人生のしあわせを求めるよりも、国家や国民の幸福を求める高い倫理観が求められます。たとえば、社長だったら社員の面倒を見る、社員を職業人として育てることが仕事だ、という意識は当然あってしかるべきです。

ところが、現在では経営者の間にも「金を儲《もう》ければよい」「法で禁じられていなければ、他人に迷惑をかけて金儲けをしてもよい」という意識が蔓延《まんえん》してしまっている。

本文で述べたので繰り返しませんが、これは、政治家にしても同じでしょう。

もちろん、自分の生活、自分の利益を大事に考えるのは人間であれば仕方ありません。しかし、自分の生活のことを考えるのは最大で49％まで。51％以上は国家や国民のことを考える、というのがリーダーでしょう。

このような道徳教育、リーダー教育を復活させなければいけないのです。

幸いにして、ここ数年で全国各地には私を応援してくれる後援会のような組織が出来上がってきました。

そこを拠点にして、私の考えを発信し、同じ考えをもって行動してくれる人を増やしていく。そのなかから地元の市議会議員、県議会議員に立つ人材を輩出し、地盤を拡大していく。

時間はかかりますが、日本を変えるにはそれしかないでしょう。

「自分の国は自分で守る」

「他の国に国防を依存しているのは異常なことである」

という常識を、まずは本書の読者がしっかりと理解し、胸に刻んでいただくことが、その第一歩となるのかもしれません。

２０１５年８月

田母神　俊雄

[略歴]

田母神俊雄（たもがみ・としお）

1948年、福島県郡山市生まれ。67年、防衛大学校入学。卒業後の71年、航空自衛隊入隊。地対空ミサイルの運用幹部として部隊勤務10年。統合幕僚学校長、航空総隊司令官などを経て、2007年、第29代航空幕僚長に就任。08年、民間の懸賞論文へ応募した作品が政府見解と異なるものであったことが問題視され、幕僚長を更迭される。同年11月3日付で定年退職。同年11月11日、参議院防衛委員会に参考人招致されたが、論文内容を否定するものでないことを改めて強調した。その後は執筆、講演活動を中心に活躍。『自らの身は顧みず』（WAC）『田母神塾』（双葉社）、『田母神大学校』（徳間書店）『間接侵略に立ち向かえ』（宝島社）『ほんとうは強い日本』（PHP新書）『日本はもっとほめられていい』（廣済堂新書）『日本を守りたい日本人の反撃』一色正春との共著（産経新聞出版）など著書多数。人気のツイッターは常に上位をキープしている。

ツイッター　http://mobile.twitter.com/toshio_tamogami
ブログ　http://ameblo.jp/toshio-tamogami/

編集協力／川端隆人
撮影／中谷航太郎

戦争の常識・非常識

2015年9月3日　第1刷発行

著　者　田母神俊雄
発行者　唐津 隆
発行所　株式会社ビジネス社
〒162-0805　東京都新宿区矢来町114番地 神楽坂高橋ビル5F
電話　03(5227)1602　FAX　03(5227)1603
http://www.business-sha.co.jp

〈装丁〉尾形忍（SparrowDesign）
〈組版〉川端光明（メディアタブレット）
〈印刷・製本〉中央精版印刷株式会社
〈編集担当〉本間肇　〈営業担当〉山口健志

©Toshio Tamogami 2015 Printed in Japan
乱丁、落丁本はお取りかえいたします。
ISBN978-4-8284-1836-0

ビジネス社の本

平和ボケした日本人のための戦争論

長谷川慶太郎……著

定価　本体1100円＋税
ISBN978-4-8284-1754-7

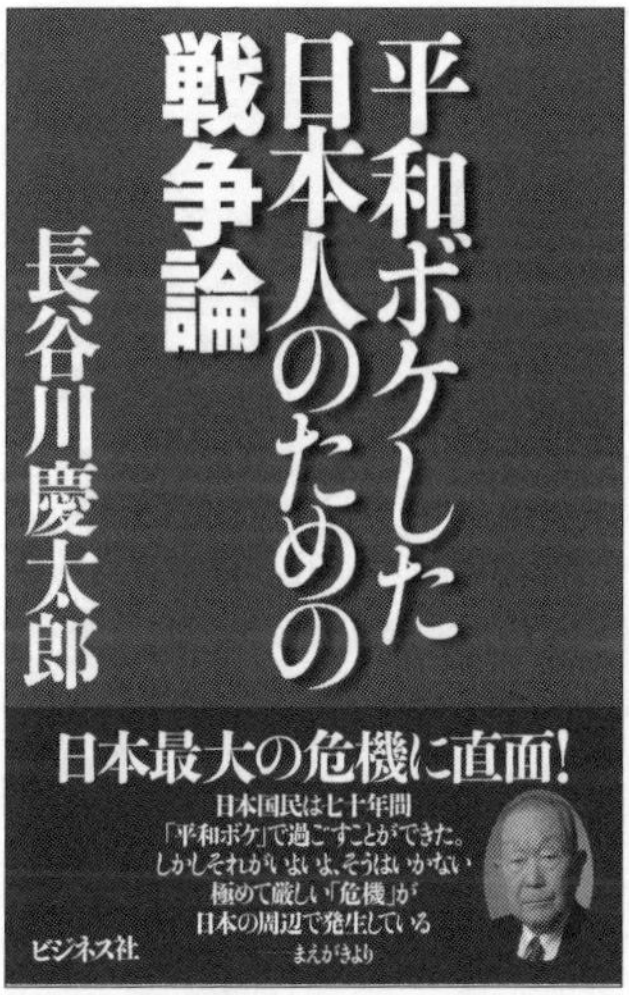

日本は多大な犠牲を払わざるを得ない状況だ！

日本最大の危機に直面！　日本国民は七十年間「平和ボケ」で過ごすことができた。しかしそれがいよいよ、そうはいかない極めて厳しい「危機」が日本の周辺で発生している（まえがきより）。本書は1983年に刊行された『「戦争論」を読む』（PHP研究所刊）を大幅に加筆して復刊!!

本書の内容

第1章　二十世紀の教訓
第2章　『戦争論』を読む
第3章　政治に左右された「軍事研究」
第4章　歴史が語る戦争と軍隊
終　章　『戦争論』の役割は終わった

ビジネス社の本

日本が在日米軍を買収し第七艦隊を吸収・合併する日

定価　本体1400円＋税
ISBN978-4-8284-1811-7

宮崎正弘……著

戦後70年、自立自尊のための建白書!!

中国は潜水艦の保有数でアメリカを抜き、米空母を攻撃するミサイル艦を配備した。圧力を増す中国と、日本や世界はどう立ち向かえばいいのか？

本書の内容

第1章　戦後最大の危機—中国との戦争がはじまる
第2章　世界サイバー戦争—ハッカー大戦争の戦勝国は中国・ロシア・北朝鮮
第3章　核攻撃の脅威
第4章　中国包囲網の構築
第5章　内部崩壊の画策
第6章　中露分断工作
第7章　日本国家の自立自尊

ビジネス社の本

米中韓が仕掛ける「歴史戦」

黄文雄……著

世界史へ貢献した日本を見よ

定価　本体1400円＋税
ISBN978-4-8284-1816-2

慰安婦、パールハーバー、南京大虐殺、韓国併合、靖国参拝…、日本への歴史攻撃は世界の悪逆卑劣な歴史と比較すれば完全に論破できる。世界史においても先進国であった日本を浮かび上がらせ、攻撃国を永久に黙らせる！

本書の内容

ビジネス社の本

マネー戦争としての第二次世界大戦

なぜヒトラーはノーベル平和賞候補になったのか

武田知弘……著

定価　本体1400円＋税
ISBN978-4-8284-1832-2

新興国ドイツ・日本が挑んだ
世界金融支配体制とはなにか
戦前の日本が震撼した「在米資産凍結」という名の経済封鎖が戦争を起こすきっかけだった！

本書の内容

第1章　すべてはドイツの経済破綻から始まった
第2章　ナチスが台頭した経済的要因
第3章　日本とイギリスの経済戦争
第4章　満州利権を狙っていたアメリカ
第5章　軍部の暴走に日本国民は熱狂した
第6章　世界経済を壊したアメリカ
第7章　なぜアメリカが世界の石油を握っていたのか？
第8章　日米英独の誤算